100 Bauernregeln

…die wirklich stimmen

Dr. Jurik Müller

blv

Inhalt

Faszination Bauernregeln – von Aristoteles bis zum Satellitenfilm

Mehr als 2300 Jahre sind vergangen, seit der griechische Philosoph Aristoteles zwischen polaren und äquatorialen Winden unterschied. Sehr ausführlich setzte er sich mit acht Hauptwindtypen auseinander. Gemäß der alten Bauernregel »Ander' Wind – ander' Wetter« beschrieb er das atmosphärische Geschehen, das der jeweilige Windtyp zur Folge hat. Der noch heute in Athen stehende Turm der Winde erinnert an diese große wissenschaftliche Leistung. Von Aristoteles stammt auch der Spruch »Wir können den Wind nicht ändern, aber wir können die Segel anders setzen«, der in der Gegenwart auch im übertragenen Sinn gern in Wirtschaft und Politik zitiert wird.

Noch heute, im Zeitalter leistungsstarker Computer und Wettersatelliten, lebt im Volk, insbesondere bei der älteren Generation, eine Vielzahl gereimter Sprüche fort, die sich auf die Vorhersage des Wetters und auf das vom Wetter abhängige Gedeihen der Feldfrüchte beziehen: die Bauernregeln. Diese von Sprachwissenschaftlern zu den Sprichwörtern gezählten Weisheiten sind zum Teil schon in der Antike entstanden. Sie resultieren aus dem Erfahrungsschatz vieler Generationen, die das Wetter und die Natur im Jahresverlauf genau beobachteten und daraus ihre Schlüsse zogen.

Wertvolles Wissen aus alter Zeit

Besonders während der jährlichen Wiedergeburt der Natur ließ früher der Bauer sorgenvoll seinen Blick zum Himmel schweifen, bewegt von der Frage, wie es wohl in den folgenden Monaten um sein Heu und Korn, schlechthin um seine Ernte bestellt sein würde. Aber auch nach Einbringen der Feldfrüchte bereitete der bevorstehende Winter dem Landmann oft Unbehagen. Waren die Speicher für Mensch und Tier ausreichend gefüllt? Wie wird es den Wintersaaten ergehen? Sensibilisiert für Erscheinungen in der Natur, gaben ihm bestimmte Anzeichen oder Besonderheiten im Wettergeschehen und in der Pflanzen- und Tierwelt eine Antwort darauf.

Bereits vor Hunderten und Tausenden von Jahren war die Landbevölkerung gezwungen, sich intensiv mit dem Wetter und der Witterung sowie deren Auswirkungen auf Wachstum und Ertrag der angebauten Nutzpflanzen zu befassen. In der Dorfgemeinschaft tauschte man sein Wissen aus, die Jungen lernten von den Alten. Ob sie ihre Kenntnisse, sofern sie des Schreibens kundig waren, in spröden Worten und kurzer Form irgendwann einmal zu Papier gebracht haben oder diese von Mönchen niederschreiben ließen, ist dabei nicht von Bedeutung. Bereits das älteste meteorologische Druckwerk in deutscher Sprache, das »Wetterbüchlein« von Reynmann, das 1505 erschien, enthält viele Beispiele für Bauernregeln. Im umfangreichen Schatz der alten Bauernregeln finden wir neben wertvollen Erfahrungen auch viel Unsinn und Aberglauben. Mit der Technik und dem Wissen von heute können wir deutlicher zwischen beidem unterscheiden.

Der Hundertjährige Kalender

Man schrieb das Jahr 1652, als ein Mann sich daranmachte, das Wetter im fränkischen Raum zu dokumentieren. Es handelt sich um den Abt des Zisterzienserklosters Langheim bei Lichtenfels, Mauritius Knauer. Der Sohn eines Bauern war ein eifriger Anhänger der Astrologie des Ptolemäus, insbesondere aber ein glühender Verfechter der Lehre vom Jahresregiment der Planeten. Er wollte die Landwirtschaft seines Klosters, die ihm sehr am Herzen lag, auf Vordermann bringen. Sie hatte im und nach dem Dreißigjährigen Krieg schwer gelitten. Viele Fragen bewegten den wissenshungrigen Abt: Wie optimiere ich den Ernteertrag? Wie groß muss der Futtervorrat für den Winter sein? Zu welchem Termin ist die Frühjahrsbestellung in Angriff zu nehmen? Und muss mit einem nassen oder trockenen Sommer gerechnet werden? Um Anhaltspunkte für seine Planungen zu erhalten, begann er im März 1652, das Wetter regelmäßig zu beobachten. Er ging davon aus, dass jeder der damals bekannten sieben Planeten (fälschlicherweise zählte man Mond und Sonne dazu) jeweils für ein Jahr alle irdischen Vorgänge, so auch das Wetter, bestimmt. Insofern verwundert es nicht, dass er

Ernteregeln waren früher enorm wichtig für die Bauern. Viele beachten sie heute noch – trotz modernen Wetterberichts.

Für alle Wassersportler ist das Erkennen von Wetterumschwüngen von großer Bedeutung. Bauernregeln können dabei helfen.

nach genau sieben Jahren, im März 1659, sein Wettertagebuch beendete. Nach Ablauf dieser Periode müsste sich aus seiner Sicht der für jeden Planeten typische Wetterablauf wiederholen.

Gegen Ende des 17. Jahrhunderts gelangte eine Abschrift der Aufzeichnungen von Mauritius Knauer in die Hände des Thüringer Arztes Christoph Hellwig. Er setzte eine Planetentafel für den Zeitraum 1701 bis 1800 vor die überarbeiteten Aufzeichnungen Knauers, die ein frühes Beobachtungsdokument aus der fränkischen Schweiz darstellen, und ließ das Ganze drucken. Auf diese Weise wurde aus dem von Knauer über sieben Jahre geführten Wettertagebuch der »Hundertjährige Kalender«. Diese Bezeichnung trat erstmals 1720 auf und dürfte vermutlich auf den Erfurter Buchhändler Weinmann zurückzuführen sein. Obwohl der Hundertjährige Kalender als einer der größten Menschheitsirrtümer angesehen werden muss und die Meteorologen aus wissenschaftlicher Sicht dieses Druckwerk zu Recht strikt ablehnen, stellt er einen Meilenstein in der Entwicklung der Meteorologie und ein wichtiges Stück Wissenschaftsgeschichte dar.

Im Laufe der Jahre wurden immer mehr Zusätze und Änderungen in den Hundertjährigen Kalender aufgenommen. Auch Bauernregeln fanden nach und nach darin Aufnahme. Dies könnte mit ein Grund dafür sein, dass Bauernregeln bei so manchem Naturwissenschaftler einen schlechten Ruf haben.

Sehnsucht nach der Natur

Die bäuerlichen Spruchweisheiten gehören zum ältesten überlieferten Sprachgut unseres Volkes. Immer wieder versuchen Zeitgenossen, diese alten Regeln gering zu schätzen. Doch wissenschaftliche Arroganz ist bei einer Bewertung der Bauernregeln fehl am Platz. Die Geschichte der Wissenschaft ist eine Geschichte von Irrtümern. Auch wenn die Sprüche die Leistungen der modernen Meteorologie nicht ersetzen können, sollten sie doch von Zeit zu Zeit ins Bewusstsein – besonders auch jüngerer Menschen – gehoben werden. Geht doch in der Hektik unserer schnelllebigen Zeit das Gespür für die Vorgänge in der Natur mehr und mehr verloren. Natürlich kann ab und an auch einmal eine Bauernregel zutreffender als die Wettervorhersage im Radio oder Fernsehen sein. Gegen die Hightech-Prognosen, hinter denen die ganze Power des Deutschen Wetterdienstes mit Radar, Satellitenaufnahmen und leistungsstarken Großrechnern steckt, sind sie in der Regel chancenlos. Und dennoch: Viele Menschen sehnen sich nach einer größeren Nähe zur Natur und suchen nach Fluchtmöglichkeiten aus dem schrillen, mitunter nervenaufreibenden Großstadtdasein. Dies ist sicher mit ein Grund, dass die bäuerlichen Weisheiten eine Renaissance erleben, zu der auch dieses Buch beitragen möchte.

Hinzu kommt die Einsicht von Zeitgenossen, die bislang Bauernregeln ablehnend gegenüberstanden, dass viele Sprüche unserer Altvorderen sehr lehrreich und mitunter auch eine Fundgrube für das Bauernbrauchtum in vergangenen Zeiten sind. So wird manch Gegner der alten Weisheiten zu deren Befürworter.

Gereimte Weisheiten

Bauernregel ist nicht gleich Bauernregel. Viele enthalten eine wirkliche Wetter- oder Witterungsvorhersage, wie zum Beispiel »Der Abend rot und weiß das Morgenlicht, dann trifft der Wanderer böses Wetter nicht« und »Wenn im Moor viel Irrlicht' steh'n, bleibt das Wetter lange schön«. Andere hingegen äußern Wünsche bezüglich des Wetters, der Witterung und des Pflanzenwachstums: »Im Februar müssen die Stürme fackeln, dass dem Ochsen die Hörner wackeln«, »Soll gedeihen Korn und Wein, muss im Juni warm es sein« und »Schnee im April darf nicht lange währen, soll er die Knospen nicht verzehren«.

Weitere Sprüche geben Empfehlungen für die Tätigkeit in Feld und Garten. Dazu gehören die Reime: »Siehst du im März gelbe Blumen im Freien, kannst du getrost deine Samen streuen« und »Wenn die Birke Kätzchen hat, ist es Zeit zur Gerstensaat«.

Ein nicht unbedeutender Teil von Bauernweisheiten trifft Feststellungen wie »Das Lösegeld für einen König ist für eine Schüssel Märzenschnee zu wenig«, »Wenn's Federbett im August zu heiß, trägt Honig die Bien' aus der Heide mit Fleiß« und »Durch des Septembers heiteren

Mit so mancher Witterungsregel lässt sich schon sehr früh vorhersagen, ob es einen schneereichen Winter geben wird.

Blick schaut noch einmal der Mai zurück«. Diese Sprüche enthalten dagegen landwirtschaftliche Prognosen: »Regen im Januar – doppelte Keime, aber nur halbe Frucht in der Scheune«, »Friert's im Februar nicht ein, wird's ein schlechtes Kornjahr sein« und »Dem Golde gleich ist Märzenstaub, er bringt uns Korn und Gras und Laub«.
Darüber hinaus gibt es Regeln, in denen Pflanzen oder Tiere gewissermaßen als Wetter- oder Witterungspropheten in Erscheinung treten, wie »Wenn der Frauenmantel schwitzt, bald Regen uns im Nacken sitzt«, »Späte Rosen im Garten, der Winter lässt warten«, »Wenn die Mücke stechen tut, tut bald Gewitterfrische gut«, »Geht der Fisch nicht an die Angel, ist an Regen bald kein Mangel« und »Je höher die Ameisenhügel, desto straffer des Winters Zügel«. Einigen der hier erwähnten Sprüche mit prognostischem Charakter werden wir im Buch wieder begegnen.

Lostage als Wetterpropheten

Im Bewusstsein älterer Menschen spielen Tage, an denen man besonders auf das Wetter achten sollte, sogenannte Lostage, eine große Rolle. Zu den wohl bekanntesten zählen Mariä Lichtmess (2. Februar), der 40-Ritter-Tag (9. März), Sankt Georg (23. April), die Eisheiligen (11. bis 15. Mai), der Johannistag (24. Juni), der Siebenschläfer (27. Juni), Siebenbrüder (10. Juli), Mariä Himmelfahrt

(15. August), Sankt Michael (29. September), Sankt Lukas (18. Oktober), der Katharinentag (25. November) und der Luzientag (13. Dezember). Man tut jedoch gut daran, die Lostagssprüche nicht wörtlich auf einen Tag zu beziehen. Hinzu kommt, dass diese wahrscheinlich in einer Reihe von Fällen der Geschäftstüchtigkeit der Kalendermacher zu verdanken sind.

Außerdem ist es mit der genauen Datierung so eine Sache, denn häufig ist unbekannt, ob diese Bauernsprüche und Wetterregeln älter sind als die im Jahre 1582 von Papst Gregor XIII. durch eine Bulle verordnete Kalenderreform. Der im Mittelalter genutzte julianische Kalender hatte nämlich ein Jahr, das um elf Minuten länger als das astronomische Jahr war. Im Laufe der Jahrhunderte hatte sich dieser geringe Zeitunterschied bis auf zehn Tage aufsummiert. Aus diesem Grund ordnete Papst Gregor an, dass dem 4. Oktober 1582 unmittelbar der 15. Oktober zu folgen habe. Nur in den seltensten Fällen dürften nach der Kalenderreform die Bauernregeln umdatiert worden sein. Ein Bauernspruch aus jener Zeit beklagt die dadurch eingetretene Verwirrung: »O' Papst, was hast Du angericht' mit Deinem heillosen Gedicht, dass du verkehret hast die Zeit, dadurch irr' gemacht uns arme Leut, dass wir nun mehr kein Wissen haben, wann man soll pflanzen, säen, graben.« Aufgrund der Kalenderreform bereitet die Interpretation mancher Lostagsregel Schwierigkeiten.

100 Regeln, die ins Schwarze treffen

Natürlich wird sich der voranschreitende Klimawandel teils negativ, teils positiv auf die »Trefferquote« vieler Bauernregeln auswirken. Auch wenn so manche Regel uns nicht mehr brauchbar erscheint, so gehört sie doch zum bewahrenswerten Kulturgut. Es ist ein Anliegen dieses Buches, manchen Kritiker der vom Volksmund überlieferten Spruchweisheiten nachdenklich zu stimmen und ihn offener für das Denken des Landmanns in früherer Zeit zu machen. Das Buch umfasst hundert Bauernregeln, die sich für eine Vorhersage des Wetters, der Witterung und des Ertrages landwirtschaftlicher und gärtnerischer Kulturpflanzen eignen. Die Wetter-, Witterungs-, Pflanzen-, Tier- und Ernteregeln werden in fünf Abschnitten gesondert behandelt. Darüber hinaus befasst sich ein Kapitel mit nicht zutreffenden Bauernregeln.
Viel Spaß beim Lesen wünscht

Dr. Jurik Müller
Plößnitz, August 2011

Der Nordwind ist ein rauer Vetter – Wetterregeln für die kurzfristige Prognose

Diese Art von Bauernregeln erlaubt einen vorsichtigen Blick auf die Wetterentwicklung in den nächsten Stunden oder Tagen. Wind, Wolken oder Nebel gaben den Bauern, als es noch keine Wetterberichte oder Warnungen im Radio oder Fernsehen gab, wichtige Hinweise darauf, wie sie mit ihrer täglichen Arbeit weiter verfahren sollten, ob es Petrus gut oder schlecht mit ihnen meinte.

»Geben Ring oder Hof sich Sonne und Mond, bald Regen und Wind uns nicht verschont.«

Bereits in den Keilschrifttafeln der Bibliothek des assyrischen Königs Assurbanipal (668 bis 626 v. Chr.) heißt es sinngemäß: »Wenn ein Halo (Sonnenring) die Sonne umgibt, wird Regen fallen.« Ob die damals im Zweistromland zwischen Euphrat und Tigris lebenden Menschen eine Erklärung für diese richtige Feststellung hatten, bleibt fraglich. Heute wissen wir, dass der weite farbige Ring um Sonne oder Mond durch Zerlegung des weißen Sonnenlichts in seine Spektralfarben entsteht: Durch Eiskristalle in hohen Schleierwolken erfolgt eine Brechung der Sonnenstrahlen.

Diese **Schleierwolken** treten dort auf, wo Warmluftmassen langsam angehoben werden, wie es zum Beispiel vor einer sich annähernden Warmfront der Fall ist. Bis die am Boden eintrifft, setzt Regen von mehreren Stunden, mitunter sogar auch einem Tag oder länger ein. Der weite farbige Ring deutet im Regelfall also eine Wetterverschlechterung an, vor allem wenn die hohen Schleierwolken die Form von Häkchen, Spazierstöcken oder Büscheln annehmen.

Die Wahrscheinlichkeit, dass die Bauernregel ins Schwarze trifft, liegt bei mehr als 80 Prozent.

An dieser Stelle muss angemerkt werden, dass früher oft **Ring und Hof** miteinander verquickt worden sind. Unter einem Hof ist auch ein farbiger Ring zu verstehen. Dieser hat allerdings im Gegensatz zu den bei hoher Schichtbewölkung sichtbaren, weiten Ringen einen geringeren Radius. Dies liegt daran, dass nicht sehr mächtige, reine Wasserwolken sehr nahe bei Sonne und Mond stehen. Da aus Wasserwolken kein Niederschlag oder höchstens etwas Sprühregen fällt, stellen Höfe geplante Wanderungen, Ausflüge und Exkursionen in die Natur nicht infrage. Die weiten Ringe, auf die sich besagte Bauernregel bezieht, sind dagegen Vorboten einer merklichen Wetterverschlechterung.

Regel-Variationen

»Zeichnet abends der Mond durch einen Ring sich aus, geh' am Morgen ohne Regenschirm nicht aus dem Haus.«

»Ist der Ring nahe dem Mond, uns der Regen meist verschont; ist der Ring aber weit, hat er Regen im Geleit.«

»Gerinnt die Kuhmilch am Nachmittag, Gewitter zum Abend kommen mag.«

Diese Bauernregel stimmt und hat einen realen Hintergrund. So hatten unsere Altvorderen bemerkt, dass Milch besonders schnell zu gerinnen begann, wenn ein Gewitter drohte. Sie wurde schnell dick und ließ sich zum Tagesende als Dickmilch zum Brot verspeisen. Da vor dem Nahen von Gewittern die Luft meist sehr feucht und sehr warm ist, bestehen günstige Bedingungen für eine schnelle Vermehrung der in der Milch vorhandenen **Milchsäurebakterien.** Die optimale Temperatur für deren Vermehrung liegt bei 37 Grad. Wird die Milch nicht ausreichend gekühlt, vermehren sie sich rasch und wandeln den Milchzucker in Milchsäure um.

Die häufig geäußerte Vermutung, dass elektrisch aufgeladene Teilchen den Gerinnungsprozess der Milch beschleunigen würden, erweist sich nicht als stichhaltig. Die Frage, inwieweit die sogenannten **Spherics** (darunter sind sehr langwellige, kurze elektromagnetische Impulse

zu verstehen) auf Organismen wie etwa Milchsäurebakterien wirken und damit an der Milchgerinnung beteiligt sind, lässt sich aus wissenschaftlicher Sicht noch nicht beantworten. Und ob die in Verbindung mit Gewittern höheren Ozonwerte, wie häufig geäußert, einen Einfluss auf das Gerinnungsverhalten von Milch haben, steht ebenfalls nicht fest.

Auf jeden Fall tragen die vor einem Gewitter üblichen hohen Temperaturen und hohen Luftfeuchten Mitschuld am schnellen Gerinnungsprozess der Milch. Viele Menschen klagen, dass vor dem Heranziehen von Gewittern die Sahne nicht gelingt, auch das hängt mit der feuchtwarmen Luft zusammen.

Regel-Variation
»Es weiß der schlaue Bauer, dass die Milch vor Gewittern wird sauer.«

»Ziehen die Wolken dem Wind entgegen, gibt's am anderen Tage Regen.«

Dieser Spruch weist auf eine Drehung des Windes mit der Höhe hin. In der Reibungsschicht, die in Abhängigkeit von der Schichtungsstabilität bzw. -labilität bis in eine Höhe von etwa 1000 Meter reicht, ist der Wind unter Stärkezunahme immer einer Rechtsdrehung unterworfen. Die Luftbewegung in der freien Atmosphäre erfolgt reibungslos und wird nicht mehr von der Rauigkeit der Erdoberfläche beeinflusst. Deshalb können sich die Windrichtung und damit auch die Zugrichtung der Wolken mit zunehmender Höhe von der Windrichtung in bodennahen Schichten unterscheiden.

Es kann sogar dazu führen, dass die Wolken, die vom **Höhenwind** beeinflusst werden, in die entgegengesetzte Richtung ziehen im Vergleich zu den darunterliegenden Wolken, die vom **Bodenwind** bewegt werden. Das passiert vor allem im Einflussbereich von Tiefdruckgebieten, die sich mit großer Zuggeschwindigkeit verlagern. Dreht sich der Wind in großer Höhe nach rechts, wird Warmluft herantransportiert, dreht er nach links, findet eine Zufuhr von Kaltluft statt. Man spricht von Warmluft – oder Kaltluftadvektion. Wenn man diese Vorgänge am Himmel beobachten kann, nähert sich mit Sicherheit entweder eine Warmluftfront mit Dauerregen oder eine Kaltluftfront mit Schauern. Der Schirm oder die Regenkutte sollte in beiden Fällen nicht vergessen werden. Das ist die Kernaussage dieses Wetterreims. Dem Landmann sind in der Regel längere Zeit anhaltende Regenfälle lieber als Schauer.

Regel-Variation
»Wenn Wolken und Wind sich grüßend begegnen, fängt's in Bälde an zu regnen.«

»Der Nordwind ist ein rauer Vetter, doch er bringt beständig Wetter.«

Mit Winden aus nördlichen Breiten gelangen in der Regel **polare Luftmassen** nach Mitteleuropa. Sind diese mit viel Feuchte angereichert, empfinden wir sie mitunter als sehr unangenehm, insbesondere dann, wenn sie eine Nordwestkomponente aufweisen. In diesem Fall steht im Sommerhalbjahr nicht nur kühles bis sehr kühles, sondern auch von Regenschauern begleitetes Wetter ins Haus (zum Beispiel Schafskälte, Siebenschläfer). Im Vollfrühling und Frühsommer besteht im Falle aufklarenden Nachthimmels die Gefahr nächtlicher Fröste und Bodenfröste (Eisheilige), allerdings mit abnehmender Tendenz. Im Winter haben wir es dagegen, sofern die herangeführten Polarluftmassen maritimen Charakter tragen, häufig mit nasskaltem »Schmuddelwetter« zu tun. So viel zum Thema »rauer Vetter«.

Warum aber beschert dieser beständiges Wetter? Die Polarluft strömt meist auf der Rückseite eines atlantischen Tiefdruckgebiets – nach Passage seiner Kaltfront – mit Wind aus nordwestlicher Richtung ein. Der Luftdruck steigt nach **Frontdurchgang** und es baut sich ein Zwischenhoch oder Hoch auf, das sich mitunter ostwärts nach Fennoskandien (umfasst die skandinavische Halbinsel, Finnland, Karelien und Halbinsel Kola) verlagert. Infolgedessen dreht der Wind, der zunächst noch gegen den Uhrzeigersinn um das Tief wehte, über Nord auf Nordost und Ost. Die nun im Uhrzeigersinn um das Hoch transportierten Luftmassen sind kontinental geprägt. Das wiederum bedeutet Zufuhr von trockener und wolkenarmer Luft in den mitteleuropäischen Raum, was im Winter oft bittere Kälte zur Folge hat, wobei die Sonne häufig vom Firmament lacht und den Wetterablauf freundlich gestaltet. Im Sommer brennt die Sonne vom Himmel und sorgt in der trockenen Festlandsluft für eine sehr angenehme Urlaubswärme. Derartige Hochdrucklagen, wie Nordlagen, die zu einer Ostlage mutieren können, weisen meist eine große Beständigkeit auf. So lässt sich die mit Sicherheit hohe Trefferquote der angeführten Wetterregel erklären.

Regel-Variation
»Wenn der Wind aus Norden weht, freundliches Wetter in Aussicht steht.«

»Abendrot – Schönwetterbot',
Morgenrot – Schlechtwetter droht.«

Sowohl der abendliche Sonnenuntergang als auch der morgendliche Aufgang der Sonne können bei intensiver Rotfärbung des Himmels zu einem faszinierenden und romantischen Naturschauspiel werden. Das rote Dämmerungslicht über dem Horizont ist auf den Wasserdampfgehalt und in Industriegebieten auch auf die Luftverschmutzung in den unteren Schichten der Atmosphäre zurückzuführen.
Bei niedrigem Stand der Sonne muss deren Licht einen langen Weg durch die bodennahen Schichten, in denen sich besonders viel Wasser in gasförmigem Zustand und sogenannte Aerosole (Schwebeteilchen) befinden, zurücklegen. Dabei werden die gelbe, grüne, blaue und violette Spektralfarbe des Lichts stark abgeschwächt.
Haben wir es am Abend mit einem wolkenfreien **Abendrot** zu tun, stehen die Chancen auf schönes Wetter während der Nachtstunden nicht schlecht. Vor allem auch deshalb, weil sich in dieser Zeit die Luft abkühlt und der in ihr enthaltene Wasserdampf nahe der Erdoberfläche verbleibt und sich teilweise durch Kondensation als Tau auf Blättern von Bäumen und Sträuchern oder im Wiesengras absetzt.

Noch unverfänglicher wäre obiger Bauernspruch, ginge er von einem goldgelben Sonnenuntergang aus, der von östlichen Winden begleitet wird. Die goldgelbe Himmelsfärbung weist nämlich auf einen geringeren Feuchtegehalt der Luft hin. In diesem Fall würde das freundliche Wetter auch noch am darauffolgenden Tag mit großer Wahrscheinlichkeit andauern.
Aber auch ein wolkenfreier, roter Abendhimmel, dem in der Nacht gewöhnlich ruhiges und klares Wetter folgt, gilt als Hoffnungsträger für schönes Wetter. Und zwar bei einer »stillen Morgenröte« (ein goldener Sonnenaufgang) oder weißem Morgenlicht am neuen Tag.

Regel-Variationen
»Abendrot und Morgenhell
sind ein guter Reisegesell.«
»Geht die Sonne feurig auf ,
folgen Wind und Regen drauf.«
»Morgenrot bringt Wasser in den
Schlot.«
»Ist's morgens rot vorm Sonnenloch,
regnet's nicht, so windet's doch.«

Ein Sonnenuntergang in einem roten Wolkenbett deutet auf die Zufuhr von Meeresluftmassen hin, die zu Niederschlägen neigen. Sich rot verfärbende Wolken am Westhimmel sind somit ein Hinweis auf das Nahen von Tiefdruckgebieten oder deren Ausläufern. Selbst nächtliche Gewitter lassen sich nicht ausschließen.

Im Gegensatz zum Abendrot ist ein feuriges **Morgenrot** eine aus wettertechnischer Sicht weitgehend eindeutige Angelegenheit. Mit im Tagesverlauf zunehmender Erwärmung steigen Thermikblasen vom Boden auf, die den Wasserdampf in die Höhe transportieren. Durch Kondensation entstehen dabei Haufenwolken, die immer größer werden. Zunächst bilden sich als Cumuli bezeichnete Quellwolken. Erlangen die Quellungen eine große vertikale Erstreckung, die über alle Wolkenstockwerke reicht, spricht man von Cumulonimben, die in ihrem oberen Teil aus Eiskristallen bestehen und insgesamt die Gestalt eines Ambosses annehmen können. Aufgrund ihrer Mächtigkeit verursachen diese dann Schauerniederschläge, die mit Blitz und Donner sowie kräftigen Böen einhergehen können.

Angeführte Abendrot-Morgenrot-Regel hat sich im Gedächtnis vieler Menschen bis heute gehalten. Das hängt wahrscheinlich damit zusammen, dass die täglich aufgehende beziehungsweise untergehende Sonne den Motor allen Lebens auf unserem Planten verkörpert.

»Wenn der Himmel gezupfter Wolle gleicht, das schöne Wetter dem Regen weicht.«

Das vermehrte Aufkommen einer bestimmten Art von **Cirruswolken** am blauen Himmel stellt ein wichtiges Kriterium für eine Wetterverschlechterung dar. Zeichnen sich feine Cirrusfäden durch eine hakenförmige Gestalt aus und vermitteln sie dadurch den Eindruck, als hingen Spazierstöcke am Firmament, was übrigens auf einen sehr starken Höhenwind hinweist, so gilt dies als ein untrügliches Zeichen für eine Wetterverschlechterung. Bei den bereits im Zusammenhang mit Regel 1 erwähnten Spazierstock-, Häkchen- oder Büschel-Cirren, die wirklich den Anschein gezupfter Wolle erwecken, handelt es sich um eine prognostische Wolkenart.

Ein Tiefdruckgebiet mit Warmfront und vorgelagertem Niederschlagsfeld lässt sich auch ohne Radar anhand dieser markanten **Häkchenwolken** erkennen. Die entstehen immer dann, wenn sich die Warmluft mit niedriger Neigung auf die vorderseitige Kaltluft schiebt. Die Wolken bilden sich bereits bei diesem Aufgleiten der Warmluft, während der Regen noch mehrere hundert Kilometer vom Beobachtungsort entfernt ist. Ausreichend Zeit also, um sich zu überlegen, ob das Gartenfest unter freiem Himmel wirklich stattfinden soll.

In mehr als 80 Prozent aller Fälle behält diese Wetterregel recht. Daher kann sie als ein guter Ratgeber auch bei der Planung von Wanderungen oder Radtouren angesehen werden, denn 24 bis 36 Stunden später dürfte sich himmlisches Nass einstellen.

Regel-Variation
»Spazierstöck' vor dem Himmelsblau sorgen bald für Wolkengrau.«

»Wenn die Sonne scheint sehr bleich, ist bald die Luft an Regen reich.«

Dieser Wetterregel kann man sich im Falle des Vorhandenseins mittelhoher Schichtbewölkung (Altostratus) bedienen. Da der **Altostratus** im Gegensatz zum Cirrostratus eine schon wesentlich dichtere Wolkenschicht verkörpert, wird diese nur noch matt oder bleich von der Sonne durchschienen.

Zunächst hatte sich die nähernde Warmfront eines Tiefdruckgebietes durch Spazierstock-Cirren (siehe Regel 1) am Himmel bemerkbar gemacht, war aber noch weit entfernt. Wenn nun der Altostratus das Himmelsbild zu prägen beginnt, ist die Warmfront dem Standort des Beobachters ein erhebliches Stück, nämlich um die Hälfte, näher gekommen. Somit erhöht sich natürlich auch die Wahrscheinlichkeit, dass die Regel ins Schwarze trifft und es bald regnet. Verringern sich doch sowohl zeitlich als auch räumlich die Auswirkungen einer sich noch ändernden Verlagerungsrichtung des Tiefs und die Möglichkeit, dass die Fronten desselben auf dem Weg zum Beobachter »verhungern«.

In 85 Prozent der Fälle dürfte diese Wetterregel sich bewahrheiten. Wie ausgeprägt der vor der Warmfront fallende, meist kleintropfigere Landregen letztendlich ist, steht auf einem anderen Blatt.

Regel-Variationen

»Wenn matt Frau Sonne am Himmel spaziert, Regen das Wetter in Kürze regiert.«

»Verliert der Sonne Weg sich langsam am Himmelszelt, nicht lange, dann Schnee oder Regen fällt.«

»Bleiche Sonne – füllt nachts sich die Regentonne.«

»Wenn der Nebel fällt zur Erden,

wird bald gutes Wetter werden;

steigt der Nebel nach dem Dach,

folgt bald großer Regen nach.«

Nebel stellt eine durch kleine Wassertröpfchen hervorgerufene Lufttrübung dar. Er entsteht durch Abkühlung der Luft unter deren Taupunkt und bedarf bei seiner Entstehung sogenannter Kondensationskerne. Die Bildung von Nebel, von dem gesprochen wird, wenn die horizontale Sichtweite unter 1000 Meter zurückgeht, kann unterschiedliche Ursachen haben. Und so wird zwischen Strahlungsnebel, Hochnebel, Advektionsnebelarten, Mischungsnebel, Hebungsnebel (Hangnebel) und Warmfrontnebel unterschieden. Bei dem Nebel in obiger Wetterregel handelt es sich um Strahlungsnebel, der bevorzugt im Herbst und Frühjahr auftritt. Diese Art des Nebels lässt sich auf nächtliche Abkühlung der bodennahen Schichten und daraus resultierende Kondensation des Wasserdampfes zurückführen. Gleichzeitig schläft der Wind ein und der Himmel ist gering bewölkt oder klar, was die Wärmeausstrahlung fördert. Infolge der langwelligen Wärmeabstrahlung vom Erdboden bildet sich in den unteren Luftschichten eine Temperaturumkehrschicht. Statt mit der Höhe abzunehmen, kommt es von der Bodenoberfläche aufwärts zu einer Temperaturzunahme. Kühlen die Schichten, beginnend an der Bodenoberfläche, bis unter die Taupunkttemperatur ab, pflegt sich Tau oder Reif auszubilden. Häufig entsteht aber auch Nebel. Reicht dieser Strahlungsnebel nur bis in eine Höhe von zwei Metern und erstreckt sich damit über eine sehr flache Schicht, wird von **Bodennebel** gesprochen. Die Nebelschicht kann im Laufe der Nacht eine Mächtigkeit von hundert bis zweihundert Metern erreichen. Strahlungsnebel lässt sich am

Regel-Variationen

»Nebel, der sich steigend hält,
bringt Regen, doch klar' Wetter,
wenn er fällt.«
»Steigt Nebel empor,
steht Regen bevor.«

häufigsten in Senken, Mulden, Schluchten und Tälern beobachten, da abgekühlte Luft, die eine größere Dichte aufweist, in diese abzufließen pflegt. Er tritt aber auch verstärkt an Standorten auf, die von Natur aus sehr feucht sind. Das betrifft vor allem Wiesen, Bachtäler und Flussauen. Dort befindliche Kopfweiden nehmen dann im Nebel ein gespenstisches und dämonisches Aussehen an. Junge Mädchen sollen der Sage nach von den Weiden angezogen worden und in deren Stammhöhlen verschwunden sein und als fauchende Katzen diese wieder verlassen haben. Nach Tagesbeginn wird die Sonneneinstrahlung immer intensiver und die Temperaturumkehrschicht dadurch zerstört. Die Nebeltröpfchen lösen sich auf und Wasserdampf entsteht. Verbleibt dieser in Bodennähe, so sind die Weichen auf freundliches Wetter im weiteren Tagesverlauf gestellt. Wird der Wasserdampf mit den Resten des Nebels durch turbulente Luft nach oben gerissen, werden Fetzen und Schwaden sichtbar, die Richtung Himmel ziehen. Ein untrügliches Zeichen, dass im weiteren Tagesverlauf eine **Wetterverschlechterung** eintritt. Da die aufsteigende Luft pro hundert Meter Höhe sich um ein Grad abkühlt, verringert sich deren Wasserdampfsättigungdefizit. Erfolgt der Vertikaltransport der Luft bis in eine Höhe, bei der die Taupunkttemperatur erreicht bzw. unterschritten wird, dann setzt Wolkenbildung ein. Ist die thermische Konvektion sehr kräftig, werden die Wolken immer größer und verursachen Schauer.

»Wenn Schäfchen am Himmel stehen,

kann man ohne Schirm spazieren gehen.«

Unter den Schäfchen in dieser Regel sind weiße Wölkchen der Gattung **Altocumulus** zu verstehen, die im mittleren Wolkenstockwerk (zwei bis sieben Kilometer Höhe) zu Hause sind. Besonders eindrucksvoll zeigen sich die Schäfchenwolken, wenn sie über den gesamten Himmel ausgebreitet sind, das Aussehen von Perlen, Schuppen, kleinen Ballen, Kissen oder Paketen besitzen und sich etwa auf gleicher Höhe befinden. Zwischen den Wolken bahnen sich Sonnenstrahlen ihren Weg und der Himmel strahlt in seinem schönsten Blau.

Die Schäfchen entwickeln sich unter zunehmendem Hochdruckeinfluss und stellen Auflösungsformen mittelhoher Schichtwolkenfelder dar. Sie können aber auch durch Bremsung aufsteigender, erwärmter Luft entstehen, sodass die Altocumuluswolke in ihrem Wachstum stark eingeschränkt wird. Diese Einschränkung ist nicht zuletzt auch auf die im Bereich eines Hochdruckgebietes vor sich gehenden sogenannten troposphärischen Absinkbewegungen zurückzuführen. Bei diesen erwärmt sich die Luft um ein Grad pro hundert Meter Höhendifferenz. Das wiederum führt zur Wolkenauflösung. Die Schäfchenwolken künden infolgedessen von dem Beginn oder dem Fortbestand einer Schönwetterperiode und obige Wetterregel stimmt.

Auch die mitunter entstehenden **Linsenwolken,** der Fachmann spricht von Altocumulus lenticularis, sind ein Anzeichen für Wetterbesserung. Wachsen jedoch aus Bänken von Altocumuluswolken kleine turmartige Quellungen, sogenannte Zinnen, heraus, weist dies auf eine labile Schichtung, insbesondere aber auf bevorstehende vertikale Umlagerungsprozesse und damit auf Schauer und Gewitter hin. Auch bei dunkel erscheinenden Schäfchenwolken und bei Cirrocumuluswolken, den feinen, filigranen Schäfchen im oberen Wolkenstockwerk (fünf bis dreizehn Kilometer Höhe), ist Vorsicht geboten.

Regel-Variationen

»Je weißer die Schäfchen am Himmel geh'n, je länger bleibt das Wetter schön.«

»Zeigt sich der Himmel voller weißer Schafe, legt sich abends der Bauer beruhigt zum Schlafe.«

»Schäfchen, die hoch am Himmel weiden, immer nur gute Tage bedeuten.«

»Zieht der Rauch nicht aus dem Schlot, bald an Wasser keine Not.«

Betrachtet man den Schornstein als Motor einer Feuerstelle, der durch die Erzeugung eines Unterdrucks für den Abzug von **Rauchgasen** sorgt, so trifft die Regel voll ins Schwarze. Die Leistung herkömmlicher Schornsteine, die den bei der Verbrennung von Holz und Kohle entstehenden Rauch abführen, wird in starkem Maße durch den Dichteunterschied von warmer Luft in der Umgebung der Feuerstelle und kalter Luft im Außenbereich bestimmt. Hat man lange nicht eingeheizt, so ist im Falle eines sehr kalten Kamins ein Rauchabzug fast unmöglich. Witterungsbedingter Überdruck im Rauchabzugsrohr durch eine kalte Luftsäule, denkbar beispielsweise während der regenträchtigen Schafskälte oder der Zeit um Siebenschläfer, lässt den Rauch nicht aus dem Haus. Bei Hochdruckwetter und damit von der Sonne durchwärmtem Schornstein tritt dieses Problem normalerweise nicht auf.

Regel-Variationen
»Es ist vorhanden des Regens viel, wenn der Rauch nicht aus dem Hause will.«
»Wenn schlecht raucht die Esse,
dann folgt große Nässe.«

Will der Ofen nicht so richtig in Gang kommen, muss demnach mit Niederschlägen gerechnet werden. Oft nimmt man dann die »Kohlengase« am Standort des Ofens wahr. Um zu vermeiden, dass sich die Wohnung, Küche oder Backstube mit Rauch füllt, ist es wichtig, beim **Anfeuern** im Schornstein einen Unterdruck aufzubauen. Daher muss man beim Anzünden versuchen, auf schnellstem Wege reichlich Hitze zu erzeugen, damit sehr heiße Abgase die kalte Luftsäule aus dem Schornstein herausdrücken können. Gerät das Abgas im Schornstein richtig in Bewegung, erzeugt dessen Strömung durch den »Bernoullischen Effekt« einen niedrigeren Druck.

»Wenn im Moor viel Irrlicht' steh'n, bleibt das Wetter lange schön.«

Unter Irrlichtern, die auch als Irrwische, Erlkönigsfeuer oder Sumpflichter bezeichnet werden, sind seltene nächtliche Leuchterscheinungen in Mooren und Sümpfen zu verstehen. Unsere Altvorderen brachten dieses Schauspiel der Natur gerne mit Naturgeistern und anderen Sagengestalten in Verbindung brachten, die den sich im Moorgebiet verirrten Wanderer in den Tod locken sollten. Tatsächlich aber handelt es sich hier um ein Phänomen, das durch sich entzündende **Faulgase** verursacht wird. Faulgas besteht aus einem Gemisch meist brennbarer Gase. Es wird bei der biotischen Zersetzung kohlenwasserstoffhaltiger Substanzen, die ohne Sauerstoff erfolgt, durch Bakterien gebildet. Dabei entsteht unter anderem Methan, aber auch Schwefelwasserstoff oder Phosphorwasserstoff. Letzterer beginnt, sobald er mit dem Sauerstoff der Luft in Berührung kommt, mit blauer Flamme zu brennen. Die Hitzeentwicklung führt dann zur Entzündung der beiden anderen Faulgasbestandteile.

Von Weiß über Gelb und Orangenrot bis Blau reicht die Farbpalette der Irrlichter, die man mitunter auch auf sumpfigen Wiesen, auf dem Boden verlandeter Kleingewässer und in feuchten Wäldern beobachten kann. Besonders bei warmen und windschwachen sommerlichen Hochdrucklagen, wo nachmittags auch reine Hitzegewitter toben und über feuchtem Terrain abends flache Nebel wabern können, lassen sich in den Nachtstunden Irrlichter in Moor- und Sumpfgebieten beobachten. Stärkerer Wind wie bei der Passage von Frontensystemen würde die ohnehin nicht langlebigen Irrlichter schnell ausblasen. Doch zurück zu unserer Bauernregel: Da Hochdruckwetter zu einer gewissen Beständigkeit neigt, hat auch diese alte Bauernregel Hand und Fuß.

Lichter in Mooren und Sümpfen üben eine große Faszination aus. Um die Leuchterschei-

Regel-Variationen

»Wenn Flammen aus Moorboden und Sumpfwasser schlagen, wird Frau Sonne sich weiter ans Himmelszelt wagen.«

»Wenn nachts im Moor und Auenwald sich Lichter bewegen, erteilt Petrus für den Folgetag gutem Wetter seinen Segen.«

nungen ranken sich unzählige Sagen und Legenden. Im weitesten Sinne dürften auch bestimmte Pilze Irrlichter verursachen. Hier wirkt ein Phänomen, das unter dem Begriff **Biolumineszenz** bekannt wurde. Biolumineszenz im Pilzreich, bei der die Umwandlung biochemischer Energie in Licht nicht mit einer Wärmeentwicklung gekoppelt ist, trifft man hierzulande vor allem beim Hallimasch und beim Ölbaumpilz (Ölbaumtrichterling) an, sofern die beiden Hutträger über einen ausreichend feuchten oder gut mit Tau versorgten Standort verfügen. Tau weist auf den Fortbestand freundlichen Wetters hin. Das mit dem Pilzmyzel des Hallimasches durchwachsene Holz leuchtet in der Nacht grün. Der sehr giftige Ölbaumpilz ist in Mitteleuropa äußerst selten und höchstens auf wärmebegünstigten Standorten anzutreffen. Die als **Glühwürmchen** bekannten Leuchtkäfer sind ebenfalls häufig in moorigen und sumpfigen Gegenden des Nachts anzutreffen. Auch sie tragen heute mitunter noch die Bezeichnung »Irrlichter«. Wenn sie beobachtet werden, spricht dies für gutes Wetter am Folgetag (siehe Regel 68).

»Gehst du morgens durch trockene Wiesen, wird abends viel Wasser vom Himmel fließen.«

Wenn in Bodennähe nach Sonnenuntergang die labile Schichtung der Luft in eine stabile Schichtung übergeht, ist Taubildung möglich. Am Tag nimmt die Temperatur durch die Bodenerwärmung mit der Höhe ab, nachts steigt sie durch Wärmeabgabe des Bodens an. Da in Hochdruckgebieten des Nachts der Wind »einschläft« oder nur eine schwache Luftbewegung herrscht und zudem der Himmel sich häufig nur gering bewölkt oder sternenklar präsentiert, stellt sich bis zum Sonnenaufgang eine verstärkte **Wärmeaustrahlung** in das Weltall ein. In Verbindung damit kommt es häufig zu einer beträchtlichen Temperaturdifferenz zwischen der Standardmesshöhe (zwei Meter über der Bodenoberfläche) und der insbesondere aus agrarmeteorologischer Sicht bedeutsamen Messhöhe von fünf Zentimetern über Grund. Mitunter erreichen die Temperaturunterschiede mehr als zehn Grad. Häufig kühlen sich die Erdoberfläche sowie Bäume, Sträucher, Grashalme, Dachziegel, Gartenzaunpfähle usw. unter die **Taupunkttemperatur** ab. Die Temperatur der mit diesen Körpern in Kontakt befindlichen Luft sinkt dann ebenfalls unter den Taupunkt. Der Wasserdampf in ihr erreicht bzw. überschreitet die temperaturabhängige Sättigungsschwelle und schlägt sich in Gestalt kleiner Tröpfchen als Tau nieder. Geschieht dieser Vorgang bei Temperaturen unter dem Gefrierpunkt, so bildet sich Reif. Doch wie ist die Situation, wenn die Wiese frei von Tau und Reif bleibt? Herrscht eine starke Luftbewegung und damit eine starke Durchmischung bei vielfach wolkenverhangenem Himmel vor, kann sich die für die Tauentstehung notwendige, stark ausgeprägte stabile Schichtung nicht ausbilden. Es besteht oder entsteht unbeständiges Wetter, Regen ist oft vorprogrammiert. Kann man also morgens trockenen Fußes durchs Wiesengras schreiten, sollte der Schirm, da sich innerhalb der nächsten 8 bis 16 Stunden eine Wetterverschlechterung einstellt, zum unverzichtbaren Utensil werden. Eine Toppregel, die häufig zutrifft!

Regel-Variation
»In der Frühe Tau macht den Himmel blau; doch wenn am Morgen kein Tau gelegen, warte bis Abend auf sicheren Regen.«

»Wenn Steine und Äxte beginnen zu schwitzen, wirst du nicht lange mehr im Sonnenschein sitzen.«

Wer hat noch nicht beobachtet, dass im Sommer die mit gut gekühlter Limonade oder frischem Bier gefüllten Gläser außen nass werden. Eine vorher mit Wasserdampf noch nicht gesättigte Luft kann bei ihrer Abkühlung den Punkt der Sättigung erreichen, sodass bei weiterer Abkühlung Wasser ausgeschieden wird. Beginnen Mauerwände, Steine oder auch Sensen, Hämmer und Äxte zu tropfen, dann setzt häufig ein Umschwung zu schlechterem Wetter ein.

Zurückführen lässt sich diese Erscheinung auf Kondensation der in der Luft enthaltenen Feuchte an Gegenständen, die aufgrund der größeren spezifischen Wärme ihres Materials eine noch niedrigere Temperatur aufweisen. Das ist meist der Fall, wenn die Luft schnell wärmer und schwüler wird. Die Luft streift an der Grenzfläche zu den kühleren Gegenständen vorbei, kühlt sich dabei bis auf den Taupunkt und darunter ab. Dabei kondensiert der in der Luft enthaltene Wasserdampf. Das **Kondenswasser** läuft dann an den Gegenständen herunter oder tropft ab. Die angeführte Regel trifft zu, da sich bei Zustrom zunehmend schwülwarmer Luft tatsächlich oft Schauer und Gewitter einzustellen pflegen. Häufig findet man an Mauern nasse und gleichzeitig trockene Stellen. Die Ursache dafür dürfte oft die Verbauung unterschiedlichen Gesteins oder Materials mit verschiedener spezifischer Wärme sein.

Regel-Variationen

»Wenn der Eimer voll Wasser außen beschlägt, die Luft ein Gewitter zu dir trägt.«

»Nasses Glas bringt Labung dem Gras.«

»Regenbogen am Morgen, des Hirten Sorgen, Regenbogen am Abend, den Hirten labend.«

Zu den eindrucksvollsten optischen Erscheinungen in der Atmosphäre gehören die durch Dichteunterschiede in der Lufthülle verursachten Fata Morganen in Wüstengebieten und »Délibáb« oder »Mittagszauber« genannten Luftspiegelungen in der Puszta. Aber auch der durch **Brechung und Spiegelung** an Wassertropfen hervorgerufene Regenbogen fasziniert immer wieder von Neuem. Seine Intensität und Farbigkeit hängt von der Größe der Regentropfen ab. Die Farben reichen von Rot außen über Orange, Gelb, Grün, Blau und Indigo bis Violett innen. Befindet sich die Sonne in Horizontnähe, so stellt sich der Regenbogen in Form eines vollen Halbkreises dem Betrachter dar. Mit höherem Sonnenstand reduziert sich der Kreisbogen und verschwindet ganz, wenn die Sonne ihren Höchststand erreicht. Oft entsteht durch Mehrfachbrechung noch ein zweiter, ebenfalls recht kräftig leuchtender Regenbogen. Gelegentlich kann man auch schwächer leuchtende, sekundäre Regenbogen erblicken, die sich an den Hauptregenbogen nach innen und an den Nebenregenbogen nach außen anschließen.

Regenbogen, die darauf hinweisen, dass in einiger Entfernung Regen fällt, treten im Tagesverlauf meist in den späten Nachmittagsstunden auf. Stellt sich jedoch schon in den **Morgenstunden** ein Regenbogen ein, so befindet er sich am westlichen Himmel. In diesem Fall strömen aus westlicher Richtung niederschlagsträchtige Luftmassen heran, die häufig zudem sehr labil geschichtet sind. Meist nähert sich ein Schauerfeld oder ein Regengebiet dem Standort des Beobachters oder er befindet sich bereits im Bereich eines solchen, das größere Wolkenlücken aufweist. Hinsichtlich einer Wetterbesserung im Laufe des Tages besteht dann wenig Hoffnung, steigt doch wegen der Sonneneinstrahlung wiederholt erwärmte Luft in Ballen auf und transportiert Wasserdampf nach oben. Meist intensiviert sich tagsüber sogar die Niederschlagsaktivität, sodass

Regel-Variation
»Zeigt morgens sich im Westen ein Regenbogen, fühlt sich der Bauer um einen Tag betrogen.«

die Sorgen des Hirten – wie es in der Bauernregel heißt – berechtigt sind.
Anders sieht es bei einem Regenbogen am **späten Nachmittag** oder Abend aus, wenn die Sonne vom Westen auf das Niederschlagsgeschehen im Osten scheint. Meist handelt es sich zu dieser Tageszeit um teilweise schon wieder im Abklingen befindliche Schauerniederschläge mit entsprechenden Wolkenlücken, die auch der Sonne die Chance bieten, sich in Szene zu setzen. Das ist sehr oft nach Passage einer Kaltfront der Fall. Da die Niederschlag bringenden Strömungen im Falle einer Westlage nach Osten weiterziehen, ist die Hoffnung auf eine Wetterberuhigung durchaus berechtigt. Die Schauer haben durch Einfluss eines Hochs oder Zwischenhochs ein Ende und nicht nur die Hirten können einen trockenen Abend genießen. Insofern hat man sicher keine schlechten Karten, wenn man sich für eine kurzfristige Wetterprognose dieser alten Bauerweisheit bedient.
Der Regenbogen gilt als sagenumwobene Erscheinung. Einer Mär aus China zufolge stellt der Regenbogen einen Riss im Himmelszelt dar. Dieser soll von einer Göttin mit bunten Steinen versiegelt worden sein. Dagegen heißt es in Irland, dass man am Ende eines Regenbogens einen Schatz in Gestalt eines Topfes mit Gold finden könne. Dass dieser Versuch fehlschlagen muss, versteht sich von selbst. Im Märchen gilt der Regenbogen auch als Brücke zwischen Vater Himmel und Mutter Erde.

»Solange der Föhn noch weht, das freundliche Wetter nicht vergeht.«

Der Föhn ist ein warmer, trockener **Fallwind,** der beim Überströmen eines Gebirges auf dessen Leeseite in Erscheinung tritt. Er erweist sich umso eindrucksvoller, je höher sich der Kamm der Gebirgsbarriere über dem Meeresspiegel befindet. In klassischer Ausprägung ist er auf der Nordseite der Alpen als Südföhn und auf deren Südseite als Nordföhn zu erleben. Wird im Luv eines quer zur Strömungsrichtung befindlichen Gebirges die Luft zum **Aufsteigen** gezwungen, so kühlt sie sich zunächst trockenadiabatisch ab, das heißt um 1,0 Grad je hundert Meter. Das gilt aber nur bis zum Erreichen des Kondensationsniveaus, dessen Höhe wiederum vom Feuchtegehalt der Luft am Fußpunkt des Gebirges abhängt. Mit einsetzender Wolkenbildung erfolgt die Abkühlung feuchtadiabatisch, das bedeutet nur noch 0,4 bis 0,8 Grad je hundert Meter, da Kondensationswärme freigesetzt wird. Beim weiteren Aufstieg der Luft fällt ein Teil des durch Kondensation entstandenen Wassers als Regen aus.
Beim **Abstieg der Luft** auf der Rückseite des Gebirgshindernisses verdampfen die nicht als Niederschlag ausgefallenen, noch in der Luft verbliebenen Wassertröpfchen sehr schnell. Auf diesem kurzen Wegstück beträgt die Temperaturzunahme infolge der entzogenen Verdampfungswärme etwas weniger als 1,0 Grad pro hundert Meter. Auf dem weiteren langen Weg bis zur Ebene erwärmt sich die Luft dann um 1,0 Grad pro hundert Meter. Die Temperatur am Fußpunkt im Lee des Gebirges liegt daher etliche Grad höher als am Fußpunkt im Luv. Solange der Föhnwind weht, ist durch die Wolkenauflösung im Lee freundliches Wetter garantiert. Daran können auch die lang gestreckten, mandelförmigen Wolkenauflösungsformen wie »Föhnfische« oder »Moazagotl«-Wolken nichts ändern. Die Bezeichnung »Moazagotl« lässt sich übrigens auf einen Schäfer namens Gottlieb Matz zurückführen. Er soll diese Wolken häufig am Rande des Riesengebirges beobachtet haben.

Regel-Variationen
»Wenn Föhnfische im Himmelsmeer treiben, wird's schöne Wetter bleiben.«
»Siehst du Moazagotl am Himmel steh'n, kannst ohne Regen du Schafe hüten geh'n.«

»Wenn Flämmchen sich zeigen an Kirchturmspitzen, wird's bald donnern und vom Himmel blitzen.«

Über einen Bischof und Märtyrer namens Erasmus, auch Elmo genannt, wird berichtet, dass er bei einer Schiffsreise nach Italien auf hoher See durch lautes Beten riesigen, gefährlichen Wellen ihre zerstörerische Wirkung genommen haben soll. An den Masten des Schiffes begannen dabei kleine blaue Flämmchen zu leuchten, das sogenannte **Elmsfeuer** – benannt nach jenem frommen Bischof. Elmsfeuer treten als büschel- oder flächenförmiges Leuchten der Luft in der unmittelbaren Umgebung von Spitzen oder Kanten bei starken luftelektrischen Spannungsunterschieden in Erscheinung. Sie werden durch elektrische **Entladungen** (Spitzenentladungen) hervorgerufen. Man kann sie kurz vor und auch während eines Gewitters beobachten: An Mastspitzen, Antennen, Kirchturmspitzen, Bergspitzen und

Spitzen von Gräsern oder Bäumen werden sie von Zisch- oder Pfeifgeräuschen begleitet. Auf jeden Fall besteht beim Auftreten des mitunter unheimlich wirkenden Elmsfeuers die Gefahr eines Blitzschlages. Elmsfeuer sollten aus diesem Grund als Warnung angesehen werden, es empfiehlt sich, diese Regel sehr ernst zu nehmen. Mitunter können Elmsfeuer auch bei Schnee- oder Sandstürmen an den gespreizten Fingern der Hand oder am Kopfhaar von Menschen auftreten.

Regel-Variation
»Lässt Erasmus kleine Feuer an Mastspitzen und Wetterhähnen leuchten,
werden Gewitter bald Felder und Wiesen befeuchten.«

»Raufrost auf der Flur,

milder Witterung Spur.«

Raufrost, Raureif und Raueis werden unter dem Begriff **Nebelfrostablagerungen** zusammengefasst. Der in der Regel erwähnte Raufrost bildet sich im Nebel in Verbindung mit mehr oder weniger großen Windgeschwindigkeiten und bei Temperaturen unter dem Gefrierpunkt. Die mit der Strömung herantreibenden, unterkühlten Wassertröpfchen gefrieren bei der Berührung mit Sträuchern, Bäumen und anderen Hindernissen. Dabei entsteht ein dem Wind entgegenwachsendes Gebilde in Gestalt mehrerer Zentimeter, im Bergland auch einiger Dezimeter langer Fahnen. Die Anlagerung kann so stark werden, dass Äste von Bäumen abbrechen, Überlandleitungen reißen und deren Maste umknicken.

Der den Raufrost verursachende Nebel entsteht, wenn milde Luftmassen horizontal über eine kalte Unterlage streichen. Im Winter bedeutet dies meist **Tauwetter.** Denkbar ist eine Raufrostbildung auch bei Warmfrontnebeln. Während Raufrost und Raueis sich bei stärkerer Bewegung feuchtegesättigter (nebliger) Luft entwickeln, stellt Raureif eine meist durch **Sublimation** hervorgerufene Ablagerung dar, die bei Windstille die eindrucksvollste Ausprägung erfährt.

Regel-Variation

»Wächst der Raufrost am Mast dem Wind entgegen,
rechne tags drauf mit Tauwetter und Regen.«

»Wind vom Sinken der Sonn' ist mit Regen verbündet, Wind vom Steigen der Sonn' uns gut Wetter verkündet.«

Setzt man den »Wind vom Sinken der Sonne« mit dem Westwind gleich und den »Wind vom Steigen der Sonne« mit dem Ostwind, so lassen sich zwei triviale, aber ziemlich sichere Prognosen ableiten. Mit östlichen Winden gelangt meist trockene Festlandsluft nach Mitteleuropa. Da sie nur wenig Feuchte enthält, können sich in ihr kaum oder nur wenig Wolken ausbilden. Bei Zufuhr kontinentaler Luftmassen ist somit freundliches und sonniges Wetter vorprogrammiert.

Mit westlichen Winden werden dagegen maritime, mit Feuchte gesättigte Luftmassen nach Mitteleuropa transportiert. Die wolkenreiche, teils labil geschichtete Luft neigt zu Niederschlägen. Kleinste Hebungsprozesse sorgen dafür, dass sich die himmlischen Schleusen einen Spalt öffnen und es zu regnen beginnt. Die Niederschläge gehen häufig mit heftiger Luftbewegung einher. Vor dem Start zu einer Radtour oder einer Wanderung tut man gut daran, an diese einfache Bauernweisheit zu denken, denn an ihrer Aussagekraft und Treffsicherheit gibt es kaum etwas zu deuteln.

Ist es zu trocken und fehlt den landwirtschaftlichen Kulturen das für eine optimale Entwicklung der Bestände erforderliche Wasser, wird sich der Landwirt über den »Wind vom Sinken der Sonne« sicher freuen. Anders stellt sich die Situation bei der Ernte dar. Um den Mähdrescher optimal einsetzen zu können, wird der Bauer auf einen »Wind vom Steigen der Sonne« hoffen. Der Zustrom von Luft aus Osteuropa und Sibirien beschert nicht nur regenfreie Tage, sondern ermöglicht auch ein rasches Abtrocknen des Getreides auf die für den Mähdrusch und die spätere Lagerung notwendige Korn- und Strohfeuchte.

Längerer Regen kann dagegen zu ungewünschten Lagererscheinungen in den Getreidebeständen führen, die nicht nur die Ernte erschweren, sondern auch zu Ernteverlusten und Qualitätseinbußen führen. So wird lagerndes Getreide schneller von pilzlichen Schaderregern heimgesucht. Mitunter beginnen die Körner in den Ähren aufgrund reichlichen Feuchteangebots zu keimen.

Regel-Variation
»Oft gibt der West
schönem Wetter den Rest.«

»Der Zucker im Morgenkaffee sagt dir an,
ob Regen zieht tagsüber heran;
steigen erste Blasen auf am Tassenrand,
dann nimm den Schirm in deine Hand;
doch treten sie zuerst in Tassenmitte auf,
nimmt freundliches Wetter seinen Lauf.«

Der Spruch hat nichts mit Kaffeesatzleserei zu tun, sondern ernsthaft mit Physik. Prognosewerkzeuge sind eine Tasse, gefüllt mit heißem, schwarzem Kaffee, und ein Stück Würfelzucker. Dieses lässt man von oben in den Kaffee fallen. Dabei kommt es zur Entwicklung kleiner Bläschen. Werden diese zuerst am Tassenrand sichtbar, dürften heranziehende dunkle Wolken sich im Laufe der nächsten Stunden ihrer Niederschlagsfracht entledigen. Blubbern sie aber in der Tassenmitte rasch nach oben, ist die Wahrscheinlichkeit, dass die Sonne scheint, relativ groß.

Wie kommt das? Das Verhalten der Bläschen in der Kaffeetasse hängt nämlich mit dem Luftdruck zusammen. Dieser übt Einfluss auf die Oberflächenspannung von Flüssigkeiten aus, so auch auf die unseres Kaffees. **Hoher Luftdruck,** der mit Absinkbewegungen in der Atmosphäre einhergeht und dadurch Wolkenauflösung zur Folge hat, bewirkt, dass sich die Oberfläche des Kaffees nach unten wölbt. Aus diesem Grund erreichen die kleinen Blasen die Mitte schneller als den Rand. Im Falle **tiefen Luftdruckes,** der uns meist regnerisches und unbeständiges Wetter beschert, geschieht

Regel-Variation

»Kommen die vom Zucker aufsteigenden Blasen zuerst in Tassenmitte oben an, dann leg dich auf des Gartens Rasen, da man bei Sonne sich aalen kann; doch häufen sie sich erst am Tassenrand, ziehen Sturm und Regen über Stadt und Land.«

genau das Gegenteil: Die Kaffeeoberfläche krümmt sich nach oben, sodass die Bläschen zuerst den Rand erreichen. Steigen die Blasen überall gleichermaßen schnell auf, präsentiert sich das Wetter veränderlich.

Man kann die **Oberflächenspannung** als eine Eigenschaft der Grenzfläche zwischen einer Flüssigkeit und einem Gas oder Gasgemisch wie der Luft definieren. Dabei verhält sich die Oberfläche der Flüssigkeit wie eine gespannte, elastische Folie oder Gummihaut. So erklärt sich z. B. auch, dass Wasser Tropfen bildet und einige Insekten **über das Wasser laufen** können, ohne mit ihren Beinen in diese Flüssigkeit einzubrechen.

Man darf die Vorhersage des Wetters mittels Kaffee und Zucker nicht so bierernst nehmen. Sie stellt eher ein kleines Experiment dar, dessen Ergebnis durch viele zusätzliche Einflussgrößen wie die Form der Tasse modifiziert sein kann, bei dem man aber tunlichst darauf achten sollte, die schöne weiße Tischdecke im Interesse des häuslichen Friedens nicht mit Flecken zu verunstalten.

Von Dreikönig bis Eligius – mit Witterungsregeln durch die Jahreszeiten

Vorhersagen längerfristigen Charakters haben ihren eigenen Reiz. Zumal derartige Prognosen in den Medien kaum angeboten werden. Insofern kann ein Teil der Witterungsregeln im großen Schatz der Bauernreime eine Lücke schließen, lassen doch einige von ihnen wirklich gute Wahrscheinlichkeitsaussagen zu.

»War bis Dreikönig noch kein Winter, so folgt auch keiner mehr dahinter.«

6. Januar – Dreikönigstag

An dieser alten Bauernregel ist wirklich etwas dran. Immerhin stellt sich nach einem bis Heiligedreikönige milden Winter in nur zwei von zehn Fällen ein unterdurchschnittlich temperierter »Restwinter« ein. In den übrigen acht Fällen lässt der nach dem Dreikönigstag verbleibende Winter für rodelhungrige Kinder, Skisportenthusiasten und **Schneefans** viele Wünsche offen. Am Dreikönigstag, an dem der drei Weisen aus dem Morgenland gedacht wird, ist die Sonne aus astronomischer Sicht rund eine Viertelstunde länger als noch zu Beginn des kalendarischen Winters auf ihrer »Himmelsstiege« unterwegs. Einer aus dem 6. Jahrhundert herrührenden Legende zufolge tragen die drei Weisen die Namen Caspar, Melchior und Balthasar. Die Patrone der Reisenden und Pilger sollen von einem weit leuchtenden Stern zur Krippe nach Bethlehem geführt worden sein, schrieb der Evangelist Matthäus, um das Jesuskind als neuen König der Juden anzubeten. Sie hatten Myrrhe als Symbol der Selbstdisziplin, Gold als Zeichen der Weisheit und Macht sowie Weihrauch als Ausdruck der Ehrfurcht als Geschenke in ihrem Gepäck. Auf die Türbalken pflegt man am Dreikönigstag mit Kreide die Buchstaben **C+M+B** zu schreiben. Das sind die Anfangsbuchstaben der Namen der Heiligen Drei Könige. Mit größerer Wahrscheinlichkeit beziehen sich diese Buchstaben aber auf den lateinischen Spruch »Christus mansionem benedictat«, was so viel bedeutet wie »Christus segne dieses Haus«.

Regel-Variationen

»Fahren Caspar, Melchior und Balthasar Schlitten, braucht man bis März um Neuschnee nicht bitten.«

»Fällt der Schnee um Dreikönig den Fichten zur Last, dann bleibt der Winter noch lang unser Gast.«

»Stauen sich vor Dreikönig schon die Wehen am Zaun, darfst weiter auf hilfreichen Schnee du bau'n;
der schützt deine Saaten und hält sie warm, lässt's Korn gut geraten und macht dich nicht arm.«

»Wenn bis Dreikönig kein Winter ist, kommt keiner mehr nach dieser Frist.«

Waren mindestens sieben Tage in der Zeit zwischen dem 24. Dezember und dem Dreikönigstag zu mild, so fällt der restliche Monat mit einer Wahrscheinlichkeit von 70 Prozent und der Februar zu 60 Prozent zu mild aus. Wie gut, dass es keine hundertprozentige **Prognosesicherheit** gibt. So bleibt dem Schneefreak bis zum Saisonende immerhin noch ein kleines Fünkchen Hoffnung! Liegt hingegen von Weihnachten bis zum Dreikönigstag eine geschlossene Schneedecke, herrscht somit in dieser Zeit frostiges Wetter, so liegt die Wahrscheinlichkeit, dass der Januar kalt ausfällt, bei etwa 80 Prozent.

Am Dreikönigstag pflegte man den Brauch, Wünschelruten zu schneiden und diese auf den Namen einer der Heiligen Drei Könige zu taufen. Sollte die Rute Gold finden, wurde sie auf den Namen Caspar getauft, wollte man mit ihr Silber aufspüren, erhielt sie die Bezeichnung Balthasar und war die Rute für die Suche nach Wasser gedacht, so wurde sie Melchior genannt. In manchen Familien wird noch heute ein Dreikönigskuchen gebacken, in dessen Teig man eine Bohne versteckt. Wer das Kuchenstück mit der Bohne zu essen bekam, so glaubte man früher, dem stand eine baldige Heirat bevor.

Als wohl bekanntester Brauch zum Dreikönigsfest gilt das Sternsingen, das vielerorts auch heute noch gepflegt wird. Früher wurde dieser Brauch von armen Menschen als Chance für ein Zubrot in kalter Jahreszeit genutzt.

»Hat Tatjana Sonnenschein im Geleit, hält sich ein freundlicher Herbstmond bereit.«

12. Januar – Tatjana

Die heilige Tatjana soll um das Jahr 200 in noch sehr jungem Alter unter Kaiser Septimus Severus in Rom das Martyrium erlitten haben. Sie wird vor allem in der lateinischen, griechischen und russischen Kirche verehrt. Lacht nun die Sonne um den 12. Januar voller Lust vom Firmament, so stellt sich in nahezu sieben von zehn Jahren ein sonnenscheinreicher Herbstmond (September) ein, was auch für wundervolle **Altweibersommertage** spricht. Deshalb schenken Bauern, Winzer und Gärtner dem Wetter am Gedenktag der heiligen Tatjana größere Beachtung, auch wenn bis zum Septemberbeginn noch knapp acht Monate ins Land gehen. Viel Sonnenschein in diesem Monat, verbunden mit Wärme, wird nämlich für das Gedeihen des Körnermaises, der Kartoffeln und der Zuckerrüben benötigt. Ein sonniger und warmer September trägt nicht nur zur Erhöhung des **Mostgewichtes** der Trauben in den Weinbergen bei, sondern hat auch eine nachhaltige Verbesserung der Qualität der Gartenobstarten zur Folge, was die Bedeutung des in der Regel aufgezeigten Sachverhaltes unterstreicht.

Regel-Variationen

»Wenn Tatjana sich mit der Sonne verbündet, ist die Hoffnung auf guten Wein nicht unbegründet.«

»Bringt Tatjana viel Sonnenschein, wird süß im Herbstmond das Traubenblut sein.«

»Zeigt sich Tatjana sonnig, gerät oft der September wonnig.«

»Wenn zu Antoni die Luft ist klar, gibt's bestimmt ein trockenes Jahr.«

17. Januar – Antonius der Einsiedler

Die Regel bestätigt sich relativ häufig. Herrscht nämlich um den Namenstag von Antonius dem Einsiedler, auch Antonius der Große genannt, sonnenscheinreiches Wetter, so fällt das Jahr in sieben von zehn Fällen tatsächlich zu trocken aus. Prägt um Antonius oder auch in den Januartagen zuvor eine bodennahe **Oströmung** die Witterung, so dominieren über die Mehrheit der Monate hinweg östliche Winde, die trockene Festlandsluft herantransportieren. In dieser hält sich die Neigung zur Bildung niederschlagsträchtiger Wolken in Grenzen. Das Ergebnis ist dann ein insgesamt niederschlagsarmes und vielfach sonnenscheinreiches Jahr. Antonius, der während der Christenverfolgung durch Kaiser Maximinus Daja unter Lebensgefahr vielen Menschen half, wird als Schutzpatron der Weber, Ritter, Bauern, Zuckerbäcker, Metzger und Korbflechter sowie der Haustiere, insbesondere der Schweine, verehrt. Er wird in der Kunst als greiser Mönch oder bärtiger Eremit mit Stab, Buch und dem Antoniuskreuz als Krücke dargestellt. Antonius wurde um 251 im ägyptischen Kome als Sohn wohlhabender Eltern geboren und verstarb im Jahr 356 im Alter von 105 Jahren. Er verschenkte sein Hab und Gut, unter anderem auch sein Erbe, und lebte als Asket in der Wüste. Seit dem 5. Jahrhundert breitet sich seine Verehrung im Abendland aus. Nach der Übertragung seiner Reliquien verstärkte sie sich weiter. Zwischen dem 14. und 18. Jahrhundert erreichte die Antonius-Verehrung ihren Höhepunkt.
Obiger Spruch könnte bei der Kalkulation der für die Bewässerung des Gartens anfallenden Kosten in Betracht gezogen werden.

Regel-Variationen
»Nimmt Antonius ein intensives Sonnenbad und lässt leuchten die Sterne in klarer Nacht, im Sommer dann häufig Dürre naht, was kaum einen Bauer glücklich macht.«
»Bringt Sonnenschein von Anton bis Agnes (21.01.) der Tag und zeigt sich kalt und klar die Nacht, der Sommer schönes Wetter zu bringen vermag, doch auch trocken und dürre die Felder er macht.«

»Ist's an Lichtmess hell und rein, so wird's ein langer Winter sein;
wenn es aber stürmt und schneit, ist der Lenz gar nicht mehr weit.«

2. Februar – Mariä Lichtmess

Am 2. Februar wird mit Mariä Lichtmess einer der bedeutendsten Lostage im Jahresverlauf begangen. Mit dem um 450 in Jerusalem und um 650 in Rom eingeführten Feiertag endet der Weihnachtsfestkreis. So pflegt man spätestens an diesem Tag Krippe und Tannenbaum abzuräumen.

Dem Wetter zu Lichtmess wird hinsichtlich seiner Bedeutung für die Witterung in den darauffolgenden Wochen große Aufmerksamkeit geschenkt. Zeigt sich der Februar zu Monatsbeginn infolge hohen Luftdrucks sonnig, so bleibt der hochdruckbestimmte Witterungscharakter oft über längere Zeit noch erhalten. Hoher Druck zieht in der Regel den Zustrom kontinentaler Luftmassen aus Osteuropa und Sibirien nach sich. Das bedeutet, dass bei klarem Nachthimmel **Väterchen Frost** in der trockenen Festlandsluft vehement sein Zepter schwingt.

Besonders kalt wird es, wenn zudem noch eine Schneedecke den Boden bedeckt. So geschehen am 11. Februar 1929, als beispielsweise in Halle (Saale) das Thermometer auf minus 27,7 Grad sank. Zeichnet sich Lichtmess also durch überdurchschnittlich viel Sonnenschein aus, so kann davon ausgegangen werden, dass im Zeitraum vom 1. Februar bis zum 31. März mit einer über der Norm gelegenen Zahl von Frosttagen zu rechnen ist. Die Wahrscheinlichkeit liegt hier bei 67 Prozent: der Februar wird in sechs von zehn und der März in sieben von zehn Jahren zu kalt.

Während in Nordamerika am 2. Februar ein **Murmeltier** nach dem Fortgang des Winters befragt wird, pflegt man in Ungarn zu Lichtmess den Brauch, einen Bären zu »interviewen«, denn einer alten Überlieferung zufolge verlassen die Braunbären zu Lichtmess ihre Winterschlafbe-

Regel-Variationen

»Gibt's an Lichtmess Sonnenschein, wird ein spätes Frühjahr sein.«

»Sonnt sich der Dachs in der Lichtmesswoch', bleibt er danach noch vier Wochen im Loch.«

»Fegt Schnee zu Lichtmess über Wiesen und Weiden, wird ab Sankt Roman (28.02.) der Frost diese meiden.«

hausungen, um nach dem Wetter zu schauen. Geben Sturm und Schneegestöber den Ton an – bei nicht zu enger Regelauslegung kann darunter auch windiges, nasskaltes, zu Mischniederschlägen neigendes Wetter verstanden werden –, beenden die Bären ihre Winterruhe und streifen in Erwartung des nahenden Frühlings durch Wald und Flur. Strahlt dagegen die Sonne vom Himmel, verschwinden sie sofort in ihre Höhlen, um sich wieder aufs Ohr zu legen. Einer Legende nach wird zu Beginn des Monats Februar mit dem Erscheinen der Lichtjungfrau Brigid die dunkle, schwarze Göttin abgelöst, die als Perchta den Winter beherrschte. Zusammen mit Brigid treten Fruchtbarkeitsgeister und ein schlaftrunkener Bär, der Ausschau nach dem Frühling hält, auf den Plan. Brigid, welche die Kraft des Ostens und des neuen Morgens verkörpert, soll dem Frühling Leben einhauchen, indem sie Bäume und Sträucher wach rüttelt. Neben Bär und Murmeltier muss übrigens auch der Dachs zu Lichtmess als Wetterprophet für uns Menschen herhalten.

»Bringt Benedikt warme Frühlingsluft der Pflanzenwelt, auch der Sommer dem Bauer mit Wärme gefällt.«

21. März – Bendedikt von Nursia

Auch dieser Bauernregel kann man sich bedienen, wenn man eine vorsichtige Prognose auf das Sommerwetter wagen will. Bestätigt sich nämlich auch bei uns ein ungarisches Sprichwort, das frei übersetzt lautet: »Sandor (18. März), Josef (19. März) und Benedikt, die drei tragen die Lenzluft in Säcken herbei«, dann stehen die Chancen auf einen Sommer, der seinem Ruf als warme bis heiße Jahreszeit zur Ehre gereicht, gar nicht so schlecht. Haben die drei »Lenzluftträger« ordentlich rangeklotzt und den warmen Inhalt aus den Säcken gelassen, so deutet dies mit einer Wahrscheinlichkeit von 68 Prozent auf einen insgesamt überdurchschnittlich temperierten Sommer hin.

Benedikt von Nursia wird als Patron der Lehrer, Bergleute sowie Höhlenforscher und als Helfer gegen Fieber, Entzündungen, Gallen- und Nierensteine, Zauberei sowie Gift verehrt. Ist es an seinem Gedenktag zu kalt, dann wird auch der Sommer in sechs von zehn Fällen zu kalt ausfallen.

Der als »Vater des abendländischen Mönchtums« berühmt gewordene Benedikt wurde um das Jahr 480 als Sohn einer adligen Familie im italienischen Nursia geboren und starb im Jahr 547. Der Überlieferung nach soll er sein Studium in Rom wegen allgemeiner Sittenlosigkeit vorzeitig beendet haben. Er schloss sich einer Asketengemeinschaft an und lebte vorübergehend als Einsiedler in einer bei Subiaco in den Sabiner Bergen gelegenen Höhle.

Regel-Variation

»Wohin das Wetter zu Benedikt neigt, dorthin auch der Sommer zeigt.«

»Ist an Ruprecht der Himmel rein, so wird er's auch im Juli sein.«

27. März – Ruprecht

Der heilige Ruprecht von Salzburg, auch unter dem Namen Rupert oder Hrodpert bekannt, erblickte wahrscheinlich 650 in Worms das Licht der Welt und starb im Jahr 716. Er soll aus der fränkischen Hochadelsfamilie der Rupertiner hervorgegangen sein und wurde der erste Bischof Salzburgs. Für den »Apostel Bayerns«, wie er auch im Volksmund genannt wird, existiert ein ganzes Paket von Bauernsprüchen, die sich gut für eine volkstümliche Prognose der **Juliwitterung** eignen.

Lacht nämlich die Sonne um Sankt Ruprecht intensiv und lange vom Firmament, so fällt der Juli in sieben von zehn Fällen sonnenscheinreicher aus, als man es normalerweise erwarten würde. **Hochdruckeinfluss** Ende März hat offenbar einen überwiegend von Hochdruckgebieten geprägten Juli zur Folge. Freundliche Witterung um Ruprecht erweist sich daher als gutes Omen für die Urlaubszeit.

Herrscht dagegen um den 27. März sonnenscheinarmes Wetter, so pflegt sich in sechs von zehn Fällen ein wenig sonniger, das heißt wolkenreicher Heumond, wie der Juli in alten Schriften bezeichnet wird, einzustellen. Viele Wolken um den Tag des heiligen Ruprecht ziehen nach 95 Tagen den Beginn eines ebenso wolkenreichen Julimonats nach sich.

Rupert gründete in Abstimmung mit seinem Landesherren Theodbert im Jahre 710 im Pongau eine Klosterzelle. Aus dieser ging die Stadt Bischofshofen hervor. Von dort aus startete er Reisen zur Missionierung der Slawen. Einer Legende nach unternahm Rupert als Bischof mit seinem Herzog eine Schiffsfahrt auf der Donau, die ihn bis nach Ungarn führte. Entlang der Ufer des Donaustroms soll er mit Erfolg das Christentum verbreitet haben.

Regel-Variationen

»Wenn an Ruprecht die Sonne versteckt sich hält, steh'n Wolken im Juli am Himmelszelt.«

»An Ruprecht gleißendes Sonnenlicht, viel Badewetter im Heumond (Juli) verspricht.«

»Muss Ruprecht am Himmel Frau Sonne suchen, wird im Juli der Bauer öfters mal fluchen.«

»Wenn's viel regnet am Amantiustag,

ein dürrer Sommer kommen mag.«

8. April – Amantius

Alle Jahre wieder versuchen wir andere mit Scherzen und derben Späßen in den April zu schicken. Nach einer alten Überlieferung käme als ein möglicher Urheber dieses Brauches der **Wettergott Thor** infrage, dem gewaltige Kräfte nachgesagt werden. Mit seinem bumerangartigen Hammer konnte er schwerste Gewitter erzeugen und war in der Lage, furchterregende Blitze zu schleudern. Während des Wiedererwachens der Natur soll sich Thor allerdings eher neckisch und närrisch verhalten haben – so wie sich in der Regel auch das Aprilwetter zu zeigen pflegt. So schlüpfte Thor in das Gewand der Liebesgöttin Freya und versuchte den Winterriesen Thrym zu betören.
Dieser vielleicht erste »Aprilscherz« scheint ihm allerdings nicht besonders gut gelungen zu sein, denn oft genug versetzt der Winter den erwachenden Frühlingsgefühlen einen herben Dämpfer. Das betrifft unter anderem die Zeit um den Amantiustag, in der es zu **Kälterückfällen** mit Niederschlägen kommen kann, die mitunter noch als Schnee fallen. Meistenteils tritt aber der Niederschlag schon in flüssiger Form in Erscheinung. Öffnet der Himmel um Amantius seine Schleusen weit, so wird häufig obiger Bauernspruch strapaziert. Zu Recht, denn regnet es um den Amantiustag überdurchschnittlich viel, so stellt sich in zwei Dritteln aller Fälle ein zu trockener Sommer ein.

Regel-Variation
»Am Tage von Amantius nasse Socken machen den Sommer heiß und trocken.«

»Zeigt häufig kühl im April und Mai sich die Zeit, hält sie auch von Juni bis November viel Kühle bereit, doch wenn April und Mai sich zu warm gestalten, wird auch von Juni bis November viel Wärme walten.«

Diese Regel kann sich durchaus blicken lassen. Denn liegt das Zweimonatsmittel der Lufttemperatur für April und Mai unter dem Normwert, dann liegt das aus dem Sommer und dem Herbst resultierende **Sechsmonatsmittel** der Lufttemperatur in zwei von drei Fällen auch unter dem langjährigen Durchschnittswert. Einem zu hohen **Zweimonatsmittel** für April und Mai folgt ebenfalls in zwei Drittel aller Fälle ein über der Norm liegendes Sechsmonatsmittel für die Zeit von Juni bis November.

Da die Aussage der Regel sich auf einen Halbjahreszeitraum bezieht, lässt sie keine detaillierten Prognosen für kürzere Zeitabschnitte zu. Aber man kann eine Prognose bezüglich des landwirtschaftlichen Erfolgs bzw. Misserfolgs wagen. Unter den verschiedenen Witterungsfaktoren üben das natürliche Wärmeangebot und damit die Temperatur den größten Einfluss auf die Pflanzenentwicklung aus. Während im Frühsommer höhere Temperaturen die Entwicklung beschleunigen, sorgt kühlere Witterung für eine Drosselung des pflanzlichen Entwicklungstempos. Im Hochsommer und Spätsommer verläuft die **Pflanzenentwicklung** weitgehend unabhängig von der Temperatur. Dagegen verzögert im Herbst viel Wärme die Entwicklung, während Kühle selbige beschleunigt. Obige Regel lässt also bei bestimmten Pflanzenarten vorsichtige Rückschlüsse auf ihre Entwicklung bis zur Erntereife zu.

Die Aussage der Regel ist nicht von untergeordneter Bedeutung, deckt sie doch die als Frühsommer, Hochsommer, Spätsommer, Frühherbst, Vollherbst und Spätherbst bezeichneten phänologischen Jahreszeiten ab. Das heißt von der Margeriten- und Klatschmohnblüte bis zum Auflaufen des Winterweizens.

Regel-Variation

»Wenn der Frühling Wärme bringt, bis weit in den Herbst die Grille singt.«

»Wie Urbanus das Wetter hat, so findet's in der Lese statt.«

25. Mai – Urban I.

Die Bauernregel wirft einen Blick auf den Herbst, in die Zeit, wo an den Hängen der Weinberge die Trauben geerntet werden. Natürlich wünscht sich der Winzer freundliches Wetter bei der **Weinlese.** Die Witterung um Urbanus, der sich als Weinheiliger einen Namen gemacht hat und als Schutzpatron der Weinberge, Winzer und Küfer verehrt wird, kann Auskunft darüber geben.

Scheint die Sonne um Sankt Urban überdurchschnittlich viel vom Firmament, so kann man in sechs von zehn Fällen einen sonnigen Herbst erwarten. Dabei zeichnet sich in zwei von drei Jahren vor allem der September durch ein über der Norm gelegenes Sonnenscheinangebot aus. Liegt die Sonnenscheindauer um Sankt Urban unter den langjährigen Durchschnittswerten, folgt in zwei Drittel aller Fälle ein Herbst mit zu wenig Sonnenschein und trüben Witterungsabschnitten.

Urban, der als Helfer gegen Gewitter, Frost und Gicht angerufen wird, gilt als erster der beiden **»kleinen Eisheiligen«,** zu denen als zweiter Vertreter Philipp (26. Mai) gehört. Schon öfter konnten in den zurückliegenden Jahren Urban und Philipp ihren großen, sich laut Kalender in der Zeit vom 11. bis 15. Mai einstellenden Vorbildern den Rang ablaufen. Nicht umsonst heißt es: »Weht vom Nordpol an Urban der Wind übers Meer, macht er Reben und Mais das Leben sehr schwer«. Oder: »Trägt Urban nächtlichen Frost im Gepäck, sucht die Nachtigall sich ein warmes Versteck.« **Nächtlicher Kälte** können empfindliche

Regel-Variationen

»Wenn Urban kein schön Wetter hält, das Weinfass in die Pfütze fällt.«

»Wenn der Winzer Urban und Philipp (26.05.) sonnig sieht, der Regen vor Traubenreife und Weinlese flieht.«

»Sankt Urban hell und rein, segnet die Fässer ein.«

»Wenn zu Urban Schönwetterwolken über'm Weinberg stehen, wird der Winzer zur Weinlese kaum Regenwolken sehen.«

»Wie's Wetter am Sankt Urbanstag, so der Herbst wohl werden mag.«

Gartenkulturen wie Gurken und Tomaten rasch zum Opfer fallen. Außerordentlich empfindlich und schon bei null Grad gefährdet sind auch Markerbsen und Buschbohnen. Mais- und Kartoffelpflanzen können nur Temperaturen bis minus ein Grad und Ackerbohnen und Linsen bis minus zwei Grad schadlos überstehen. Sonnenblumen und Sommerwicken verkraften bis minus drei Grad und Gelbe Lupinen, Lein und Mohn bis minus vier Grad.

Ein alter Brauch an Urbans Festtag besteht darin, seine Figur bei Sonnenschein mit Wein zu übergießen, während sich diese bei Regenwetter eine Dusche mit Wasser gefallen lassen muss.

Über das Leben von Urban ist nicht viel bekannt. Mit Sicherheit weiß man nur, dass er von 222 bis 230 Papst war und im Jahr 230 starb. Er wird in der Kunst mit Buch, Schwert und Weintraube oder Weinstock dargestellt.

Eine Legende erzählt von einem Bischof namens Urban von Langres, der im 5. Jahrhundert lebte und sich vor seinen Verfolgern hinter einem Weinstock verbarg. Auch er wird deshalb in der christlichen Ikonographie mit Traube oder ganzem Rebstock in der Hand abgebildet und gilt daher ebenfalls als Schutzpatron der Winzer. Da sein Namensfest schon auf den 2. April fällt und das Ergrünen der Rebstöcke zu diesem Zeitpunkt noch nicht wahrgenommen werden kann, liegt die Vermutung nahe, dass dessen Schutzpatronsfunktion auf Papst Urban I. übertragen wurde.

»Regen am Medardustag verdirbt den ganzen Heuertrag.«

8. Juni – Medardus

Als ein bedeutender Lostag im Jahresverlauf gilt Sankt Medardus. Rechnet man genau nach, wird man feststellen, dass der Medardustag exakt auf den hundertsten Tag nach dem alten römischen Jahresanfang am 1. März fällt.
Mitunter wird gesagt, dass Medardus das Tor zum Sommer aufstößt. Meist aber liegt sein Tag vor der sogenannten **Schafskälte,** die sich in neun von zehn Jahren ungefähr um den 11. Juni einzustellen pflegt. Ihren Namen verdankt sie der Tatsache, dass die um diese Zeit frisch geschorenen Schafe, ihrer wärmenden Wolle beraubt, besonders unter den um bis zehn Grad gefallenen Temperaturen zu leiden haben. Medardus, der als Patron der Winzer, Bauern, Bierbrauer und Schirmmacher verehrt wird und als Helfer gegen Fieber und Zahnschmerzen gilt, wurde um das Jahr 475 in Salency (Frankreich) geboren und starb um das Jahr 560 in Noyon (Frankreich). Er wird für trockenes **Heuwetter** und für eine gute Ernte angerufen. Die Bauern in Süd- und Südosteuropa achten Jahr für Jahr mit besonderem Interesse auf das Wetter zu Sankt Medardus. Denn dieser Heilige füllt dort die Rolle aus, die hierzulande dem Siebenschläfer (27. Juni) zukommt. Das verwundert nicht, entwickelt sich doch in den südlichen Regionen Europas die Pflanzenwelt rund drei Wochen eher als in nördlicheren Regionen.
Für die Mitte Deutschlands trifft die Aussage zu, dass nach verregnetem Wetter um Medardus die Zahl der Regentage während des ganzen verbleibenden Junis in sechs bis sieben von zehn Jahren überdurchschnittlich ausfällt. Unbeständiges Wetter um Medardi weist auf den mit der Schafskälte verbundenen Wetterumschwung hin. So bricht die Ende Mai, Anfang

Regel-Variationen

»Kann Medardus sich auf der Wiese sonnen, bereitet die Heumahd dem Landmann Wonnen.«
»Was Sankt Medardus für Wetter hält, solch' Wetter auch in die Ernte fällt.«
»Wenn Medardus Regen verspricht, verfinstert sich des Landmanns Gesicht.«
»Hat Medardus am Regen Behagen, will er ihn auch in die Ernte jagen.«

Juni meist vorherrschende niederschlagsarme Hochdrucklage, einhergehend mit einer Winddrehung von Südwest auf Nordwest, zusammen. Das hat den Zustrom kühlerer Luftmassen zur Folge. Der **europäische Sommermonsun** setzt ein.

Am Medardustag wurde in den bäuerlichen Familien darauf geachtet, dass beim Abendessen keine Reste auf den Tellern verblieben, war man doch der Auffassung: »So viel auf dem Teller übrig bleibt, mit so viel Arbeit bleibt man im Sommer im Rückstand.« Regenwetter an Medardus wünschen sich die Bauern in Süddeutschland und vor allem aber in Süd- und Südosteuropa nicht, denn die **Heu- und Getreideernte** stehen unmittelbar vor der Tür. Wer kein Landwirt ist, kann sich an den sinnlichen Frühsommerdüften erfreuen wie denen des Ligusters, der Rosen und des Falschen Jasmins. Sie kommen nämlich bei hoher Luftfeuchte und nach Regen so richtig zum Tragen.

»Regnet es am Siebenschläfertag, der Regen sieben Wochen nicht weichen mag.«

27. Juni – Siebenschläfer

Mit besonderem Interesse sieht man Jahr für Jahr dem Wetter um den Siebenschläfer entgegen, das Auskunft über die Witterung in den Urlaubs- und Erntewochen geben soll. Immerhin heißt es, dass sieben Wochen lang Regen falle, wenn es an diesem Lostag regnet. Und tatsächlich entscheidet die **Luftdruckverteilung** um und nach der Sommersonnenwende sehr oft darüber, ob sich während der darauffolgenden Wochen in Mitteleuropa eine Westwetterlage mit reichlich Niederschlägen einstellt oder nicht. Ziehen Tiefdruckgebiete und deren Ausläufer über Skandinavien und Mitteleuropa wie auf einer »Rennbahn« hinweg, verringern sich die Chancen auf sonniges Wetter in der Urlaubs- und Erntezeit.
Zieht man die Statistik zurate und vergleicht die Witterung der letzten fünf Junitage mit dem Wetterablauf im Juli, dann lässt sich feststellen, dass rege Niederschlagstätigkeit in der Zeit vom 26. bis 30. Juni in der Mehrzahl der Jahre (etwa 70 Prozent) einen feuchten Juli zur Folge hat. Bildet sich jedoch im Verlauf der letzten Junitage eine **Hochdruckbrücke** von den Azoren über Mitteleuropa bis zum Ural aus, die wie ein Wall heranziehende Tiefdruckgebiete abblockt, dann sind günstige Voraussetzungen für sonnenscheinreiches Sommerwetter gegeben. Insofern eignet sich die Siebenschläferregel recht gut für eine volkstümliche Witterungsprognose.
Naheliegend, aber falsch: Die Bezeichnung »Siebenschläfer« bezieht sich nicht auf das gleichnamige Nagetier, das tatsächlich die Hälfte seines Lebens verschläft. Vielmehr hat sie ihren Ursprung in der Legende von den sieben Schläfern: Sieben fromme Jünglinge aus der Stadt Ephesus befanden sich um das Jahr 251 während der Christenverfolgung durch den römischen Kaiser Decius auf der Flucht und suchten in einer Höhle Schutz.

Regel-Variationen
»Blinzeln die Siebenschläfer in die Sonne, bleibt lange leer die Regentonne.«
»Wenn zum Siebenschläfer die Blumen im Wasser ertrinken, sieben nasse Wochen winken.«

»Wie's die Siebenbrüder treiben, soll es sieben Wochen bleiben.«

10. Juli – Siebenbrüdertag

Der Siebenbrüdertag stellt wie der Siebenschläfer (27. Juni) eine günstige Gelegenheit für eine Prognose des kommenden Sommerwetters dar. Wie sich nämlich das Wetter um Siebenbrüder gestaltet, so wird es in den nördlichen Binnenlandregionen in zwei von drei und im Süden in vier von fünf Jahren im Hochsommer sein. Während Niederschlagsarmut um Siebenbrüder in den sieben Folgewochen meist eine unterdurchschnittliche Zahl an Regentagen beschert, hat regnerische Witterung um den Siebenbrüdertag häufig eine überdurchschnittliche Anzahl an Tagen mit Regen zur Folge.

Regel-Variationen

»Hält die Sonne sich an Siebenbrüder versteckt, bleibt bis Kassian (13.08.) sie oft von Wolken verdeckt.«

»Ist Siebenbrüder an Himmelsnass reich, macht oft Regen die Krume bis Lorenz (10.08.) weich; dann können die Schnitter nicht aufs Feld hinaus geh'n, sollen doch trockenes Getreide sie mäh'n.«

Das hängt damit zusammen, dass sich das Starkwindband in den höheren Atmosphärenschichten, der sogenannte **Jetstream,** im Laufe des ersten Julidrittels auf seine endgültige mittlere sommerliche Lage eingependelt hat. Befindet sich diese weit im Norden, so bewegen sich die mit der starken Höhenströmung vom Atlantik nahenden Tiefs auf einer von Mitteleuropa weiter entfernten Zugbahn, sodass hiesige Gefilde in stärkerem Maße in den Einflussbereich hohen Luftdrucks (Azorenhoch) geraten. Weist jedoch das Starkwindband eine südlichere Lage auf, so wandern die atlantischen Tiefs über die Nordsee und das Baltische Meer ostwärts. Ihre Fronten sorgen dann hierzulande für wechselhafte, zu Niederschlägen neigende Witterung und lassen eine nachhaltige Wetterberuhigung nicht zu.

Die Sieben Brüder haben nichts mit den Sieben Schläfern zu tun, deren am 27. Juni gedacht wird. Bei den Sieben Brüdern handelt es sich um die sieben Söhne der heiligen Felicitas, deren Gedenktag am 23. November begangen wird. Sie starben gemeinsam mit ihrer Mutter um das Jahr 160 in Rom den Märtyrertod.

»Fängt der August mit Hitze an,
bleibt sehr lang die Schlittenbahn.«

Am 23. Juli beginnt die bis zum 23. August währende Hundstagsperiode, in der die Sonne im Tierkreiszeichen Löwe steht. Die Bezeichnung »Hundstage« ist auf das Sternbild des **Großen Hundes** (Canis Major) zurückzuführen. So wird ab dem 23. Juli der 8,8 Lichtjahre von der Erde entfernte, mit der Sonne am Osthorizont aufgehende Doppelstern Sirius am Maul des Großen Hundes sichtbar. Er entschwindet unseren Blicken am 23. August.

Herrscht Anfang August eine Hochdruckwetterlage mit Kern über Osteuropa vor, so sind die Hundstage für die dann auftretende extreme Hitze berühmt, um nicht zu sagen berüchtigt. Da Ozean und Festland sich im Hinblick auf ihre Temperatur bereits im ersten Augustdrittel anzugleichen beginnen, pflegt sich freundliches Hundstagewetter häufig eine längere Zeit zu halten, denn die Kaltlufteinbrüche bleiben aus oder besitzen nicht mehr eine so unangenehme Wirkung. Der Sommer gerät in ein ruhigeres Fahrwasser.

Den alten Ägyptern zeigte das Erscheinen des Sirius die bevorstehende Hochwasserwelle des Nils an. Mit dem Hochwasser gelangte fruchtbarer Schlamm auf die Felder, der für die Landwirtschaft von großer Bedeutung war. Der griechische Arzt Hippokrates, der sich unter anderem mit Zusammenhängen zwischen dem Wettergeschehen und der menschlichen Gesundheit beschäftigte, versuchte das Auftreten schwerer Gallenkrankheiten mit den Hundstagen in Verbindung zu bringen. Im alten Rom sah man die Hundstage, die »dies caniculares«, als gefährliche Zeit für Mensch und Tier an. Die alten Griechen dachten, dass die mit dem Erscheinen des **Sirius** verbundenen

Regel-Variationen

»Hat Dominikus Hitze im Blut, braucht der Ofen im Eismond (Januar) viel Glut.«

»Bringt Mariä Schnee (05.08.) Hitze und Sonnenschein, wird der Winter weiß und frostig sein.«

»Fließt viel Schweiß am Oswaldtag (05.08.), der Winter schneereich werden mag.«

»Ist Christi Verklärung (06.08.) ein heißer Tag, kommt Schnee im Winter nach alter Sag'.«

heißen Tage Pest, Seuchen und auch »hitzige Krankheiten« bringen würden. Vielleicht hängt dies mit der Tatsache zusammen, dass viele Krankheit verursachenden Dämonen in der antiken Mythologie hundeähnlich aussehen. Auffallend ist jedoch die Tatsache, dass die heißesten Tage im Jahresverlauf seit etwa 1850 nicht mehr Anfang August, sondern meist schon Mitte des Monats Juli auftreten. Zwar sagt der Volksmund, dass heißen Hundstagen ein langer weißer Winter folge. Das stimmt aber nur unter der Bedingung, dass die ersten sieben Augusttage sich durch eine mittlere tägliche Höchsttemperatur von 25 Grad und mehr auszeichnen. Ist das der Fall, so folgt im kommenden Winter mit einer Wahrscheinlichkeit von 60 Prozent eine über der Norm gelegene Zahl von Tagen mit einer Schneedecke von mindestens einem Zentimeter Höhe.
Auch die vielen sich um Dominikus rankenden Sprüche, dessen Namenstag in der Literatur sowohl als der 4. wie auch als der 8. August ausgewiesen wird, schlagen in die gleiche Kerbe. Das gilt auch für den Oswaldtag (5. August) und für Mariä Schnee (ebenfalls 5. August) sowie für Christi Verklärung (6. August). Die Festtagsbezeichnung »Mariä Schnee« lässt sich auf eine alte Legende zurückführen, der zufolge es mitten im August im 4. Jahrhundert in Rom geschneit haben soll.

»Laurentius heiter und gut, einen schönen Herbst verheißen tut.«

10. August – Laurentius

Um den Namenstag des heiligen Laurentius (auch Lorenz genannt) kann man Jahr für Jahr am nächtlichen Himmel, sofern nicht Wolkenfelder einen Strich durch die Rechnung machen, zahlreiche **Sternschnuppen** beobachten. Aber auch für eine Prognose der Witterung im meteorologischen Herbst, der die Monate September, Oktober und November umfasst, bietet sich der Laurentiustag an, sofern um diesen eine Schönwetterperiode herrscht. Ermöglicht Petrus in der Zeit um Laurentius den Blick auf einen wolkenfreien Abend- und Nachthimmel, so fällt der Herbst mit einer Wahrscheinlichkeit von 80 Prozent zu trocken aus. Das bedeutet, dass in vier von fünf Fällen die Regel zutrifft.

Da die um Laurentius auftretenden Sternschnuppen scheinbar dem Sternbild Perseus entspringen, tragen sie die Bezeichnung Perseiden, im Volksmund auch »Laurentiustränen« genannt. Das Maximum ihres Auftretens liegt um den 12. August. Hin und wieder mischen sich unter die »Laurentiustränen« oder »glutigen Tränen am Nachthimmel« auch farbige Feuerkugeln, die von größeren, beim Eindringen in die Atmosphäre bis zu mehreren Zentnern schweren **Meteoriten** verursacht werden. Diese verglühen mit Krachen und Getöse in der Lufthülle unseres Planeten. Teile davon gelangen hin und wieder bis zur Erdoberfläche. Die meistenteils aber sehr winzigen Partikel (Kometenstaub), die mit einer Geschwindigkeit von mehr als 200.000 Stundenkilometern auf die Erdatmosphäre treffen, verglühen und hinterlassen anmutige Leuchtspuren.

Der 258 als Märtyrer ums Leben gekommene Laurentius ist einer der meistverehrten Heiligen der Welt und gilt als Schutzpatron der Bierbrauer, Kuchenbäcker, Büglerinnen, Glasbläser und der Armen sowie als Helfer bei Verbrennungen und Fieber.

Regel-Variationen

»Lässt Laurentius nachts Sternschnuppen regnen, wirst einem sonnigen Herbst du begegnen.«

»Kann man nachts um Laurentius viele Sternschnuppen seh'n, wird ein schöner und sonniger Herbst vor uns steh'n.«

»Wie das Wetter am Himmelfahrtstag, so es noch zwei Wochen sein mag.«

15. August – Mariä Himmelfahrt

Fällt die Sonnenscheindauer um Mitte August unterdurchschnittlich, also zu gering aus, bleibt sie auch bis Ende des Monats mit einer Wahrscheinlichkeit von 62 Prozent unter der Norm. Ist es dagegen um Himmelfahrt überdurchschnittlich sonnig und auch relativ warm, wird sich die Witterung mit einer Wahrscheinlichkeit von 75 Prozent in der zweiten Monatshälfte sonnenscheinreich gestalten. Obige Regel lässt sich auf die **Erhaltungsneigung** der Atmosphäre, sprich: der großräumigen Zirkulation in der Höhe zurückführen und kann eine kleine Hilfe bei der Planung der Gartenarbeit sein.

Da im Augenblick der Himmelfahrt dem Grabe Marias ein wunderbarer Duft von Kräutern und Blumen entstiegen sein soll, begeht man am 15. August bzw. am Sonntag davor oder danach das Fest der Kräuterweihe. Schon Tage davor pflegten früher die Frauen und Mädchen Kräuter zu suchen. Immerhin gehörten einmal 77 Pflanzen in die für dieses Fest gefertigten **Kräutersträuße.** Diese beinhalteten Lavendel, Petersilie, Gelben Enzian und blühenden Flachs. Heute setzt sich der Kräuterbund aus weniger Pflanzen zusammen. Traditionell bilden aber Johanniskraut, Schafgarbe, Thymian, Tausendgüldenkraut, Arnika, Baldrian, Basilikum, Frauenmantel, Augentrost, Wermut, Salbei, Pfefferminze, Rosmarin und Königskerze den Kräuterbund. Mitunter werden auch Gartenblumen oder Holunder und Kamille zum Binden der Sträuße mit verwendet, die man zur Abwehr von Unheil in Stallungen, an Hausgiebeln und in den Wohnungen aufhängt.

Da in der Zeit um und nach Mariä Himmelfahrt nicht nur für Kräutersträuße Pflanzen gesammelt werden, sondern auch viele Heilpflanzen, die nicht feucht oder nass in die Lagerung oder Verarbeitung gehen dürfen, ist man auf trockenes Wetter angewiesen.

Regel-Variation

»Ziehen dunkle Wolken an Mariä Himmelfahrt übers Land, so regnet's zwei Wochen am laufenden Band; doch wenn Sonnenschein die Welt erhellt, bis Raimund (31.08.) kaum Regen fällt.«

»Wie Ägidius und Verena walten, wird sich die Witterung des Septembers gestalten.«

1. September – Ägidius, Verena

Der Reim hat sich schon oft bestätigt. Somit erlauben die Wetterverhältnisse um den ersten Tag des meteorologischen Herbstes, der im Kalender als Namenstag von Ägidius und Verena ausgewiesen wird, eine vorsichtige Prognose des Septemberwetters. So pflegt nach einem unterdurchschnittlich temperierten Monatsbeginn der gesamte **Herbstmond,** wie der September in alten Schriften bezeichnet wird, in zwei von drei Fällen zu kühl auszufallen. Ertönt dagegen zu diesem Zeitpunkt ein **Grillenkonzert,** was für ein reichliches Wärmeangebot spricht, wird die Lufttemperatur im September mit einer Wahrscheinlichkeit von etwa 60 Prozent über den langjährigen Durchschnittswerten liegen.

Geht das Namensfest von Ägidius und Verena trocken ins Land, kann in vier von fünf Jahren ein niederschlagsarmer September erwartet werden. Erweisen sich nämlich die beiden Heiligen als freundlich, deutet dies meist auf eine Hochdrucklage in den ersten Septembertagen hin. Und mit einer hohen Wahrscheinlichkeit wird sich nach Monatsmitte ein richtig schöner, regenarmer **Altweibersommer** einstellen. Regnet es um Ägidius und Verena, fällt leider auch der ganze September mit einer über 60 Prozent liegenden Wahrscheinlichkeit zu feucht aus.

Ägidius (ca. 640–720) kam in der zweiten Hälfte des 7. Jahrhunderts in die Camargue, wo

Regel-Variationen

»Wenn zu Verena und Ägidius die Grille singt, ihr Lied noch bis Hieronymus (30.09.) klingt.«

»Tritt Verena mit dem Krüglein auf, nimmt ein nasser Herbstmond (September) seinen Lauf.«

»Wenn sich Ägidius als Wasserträger verdingt, er viel Regen statt Sonne dem September bringt.«

»Zeigt sich Verena in freundlichem Gewand, zieh'n schöner Spätsommer und Frühherbst ins Land.«

»Jagen Ägidius und Gregor (03.09.) die Wolken von dannen, gibt's viel Septembersonne über Fichten und Tannen.«

er zunächst als Einsiedler sein Dasein fristete. Er wird als Schutzpatron der stillenden Mütter, der Jäger, Pferdehändler, Hirten, Bogenschützen, Schiffbrüchigen und Bettler sowie als Helfer bei seelischer Not und Verlassenheit, Trockenheit, Sturm und Feuer verehrt. Einer alten Überlieferung zufolge soll Ägidius in einer Höhle gelebt und sich dort von der Milch einer Hirschkuh ernährt haben, die vor dem Zugriff der Jäger durch eine unsichtbare Kraft geschützt wurde. Verena, was soviel heißt wie »die Behutsame«, starb um das Jahr 350. Sie machte sich als Missionarin und Einsiedlerin, aber auch als Patronin der Armen, Notleidenden, Müller, Fischer und Schiffer einen Namen und wird in der Kunst als Nonne mit Brot und Krug dargestellt. Schenkt man Ägidius und Verena und den mit ihnen verbundenen Bauernsprüchen Glauben, dann fährt man meist recht gut.

Im Hinblick auf das eingangs erwähnte »Grillenkonzert« sei an dieser Stelle angemerkt, dass man die wechselwarme Grille als hörbares Thermometer, als gut kalibrierbaren Temperaturindikator ansehen kann, denn Grillen passen ihre Zirpgeschwindigkeit recht genau der Temperatur ihrer Umgebung an: je wärmer, desto schneller.

»Wie es der Matthäus treibt, es weiterhin vier Wochen bleibt.«

21. September – Matthäus

Der Namenstag von Matthäus, mit dem das letzte Drittel des für viele Menschen wohl schönsten Monats beginnt, liegt mitten in der Zeit des Altweibersommers. Langsam verliert die Sonne, die jeden Tag ungefähr drei Minuten weniger scheint, an Kraft. Beschert Matthäus zu kaltes Wetter, so werden sich auch die vier darauffolgenden Wochen meist relativ kühl gestalten. Zumindest wird es in zwei von drei Fällen so sein.

Bringt uns Matthäus aufgrund eines überdurchschnittlichen Wärmeangebots aber noch zum Schwitzen, dann sorgt die hohe Erhaltungsneigung der **Altweibersommer-Witterung** in vier von fünf Fällen dafür, dass die vier Folgewochen ebenfalls zu warm ausfallen. Das spiegelt sich dann auch im Niederschlagsverhalten an Matthäus und im Verlauf der folgenden 28 Tage wider: Kann zu Matthäus, der als Schutzpatron der Buchhalter sowie der Finanz- und Zollbeamten verehrt wird, der Regenschirm zu Hause bleiben, so kann er in den kommenden vier Wochen weiterhin sein Dasein im Schrank fristen. Aber nur 0,1 Millimeter Regen am Matthäustag dürften so manchem Gartenfreund das Konzept verderben. Schließlich werden dann in drei von fünf Fällen die vier folgenden Herbstwochen nass ausfallen. Bei mehr als zehn Millimeter fallen die vier Folgewochen fast immer zu nass aus.

Eine Toppregel, über die sich Hobby-Meteorologen und Wetterfans freuen dürfen.

Regel-Variationen

»Wenn's Wetter an Matthäus Freude dir macht, vier Wochen Frau Sonne vom Himmel noch lacht.«

»Wenn von Matthäus bis Remigius (01.10.) der Altweibersommer regiert, viel Sonnenschein oft auch den Oktober ziert.«

»Ist der September lind, wird der Winter ein Kind.«

Diese kurze Bauernregel für den Monat September, der uns den »Mai des Herbstes« beschert, erweist sich in 75 Prozent der Fälle als Volltreffer. So folgt einem überdurchschnittlich warmen September in sieben von zehn Fällen ein zu milder Februar und in jeweils sechs von zehn Fällen ein milder Dezember und Januar. Die Regel besagt aber nicht, dass zwangsläufig der ganze Winter zu warm ausfällt. Es können, müssen aber nicht alle drei Wintermonate durch zu hohe Temperaturen auffallen. Es ist durchaus denkbar, dass sogar zwei Monate leicht zu kalt sind und nur einer zu mild. Was zählt, ist letztendlich die Durchschnittstemperatur aller drei Wintermonate zusammen, also das **Jahreszeitmittel.**

In einem linden September hält sich das Temperaturniveau von Festland und Meer die Waage, was nur geringe Luftdruckgegensätze

zur Folge hat. Druckunterschiede, die Wind als Ausgleichsströmung nach sich ziehen, fehlen somit. Daher stellt sich in fünf von sechs Fällen im Laufe der zweiten Monatshälfte ruhiges, störungsfreies Wetter ein. Für diese besonders im letzten Septemberdrittel auftretenden Hochdruckwetterlagen kennt der Volksmund eine Reihe sehr schöner Bezeichnungen wie: **»Birgittensommer«** in Schweden, »Wenzelsommer« in Böhmen, »Witwensömmerli« in der Schweiz und »Theresiensommer« in Frankreich. Im nordamerikanischen Raum spricht man vom »Indian Summer« und bei uns vom »Altweibersommer«. Ist dieser im September besonders gut ausgeprägt, gestaltet sich meist auch der ganze Monat zu warm.

Regel-Variationen

»Wenn der Herbstmond (September) mild ins Land geht, lauer Westwind den Winter über weht.«

»Scheiding (September) zu mild, schwachen Winters Bild.«

»Kommt der Michael heiter und schön,
wird's vier Wochen so weitergeh'n.«

29. September – Michael

Obwohl die Tage spürbar kürzer und die Nächte länger werden, ist die Zeit des Altweibersommers noch nicht zu Ende. Der Volksmund reimte: »Es holt herbei Sankt Michael die Lampe wieder und das Öl.« Darüber hinaus wusste der Landmann: »Um Michael brennt wieder das Kienspanlicht, es Helligkeit am Abend beim Spinnen verspricht.« Der vorletzte Tag des Herbstmondes (September), laut Bauernkalender auch **Michaelistag** genannt, ist den Erzengeln Gabriel, Michael und Raphael gewidmet. Der Michaelistag gilt als wichtiger Lostag im Bauernjahr. So pflegt man im alpenländischen Raum um Michaeli das Vieh von den Almen abzutreiben. Zuvor werden die Tiere **»aufgekranzt«**, das heißt prächtig geschmückt.

Ist es um Sankt Michael zu warm, so wird mit einer Wahrscheinlichkeit von rund 65 Prozent auch der Oktober überdurchschnittlich temperiert sein. Erweist sich der September nicht nur zu warm, sondern auch sehr sonnig, so wird der Oktober sogar in neun von zehn Fällen mehr Wärme bescheren, als normalerweise zu erwarten ist. Dabei stellt sich im Norden Deutschlands häufiger starke Bewölkung ein, während über dem Süden, insbesondere über dem Alpenraum, Frau Sonne ihr Zepter schwingt. Hier macht sich die große Erhaltungsneigung des Altweibersommers bemerkbar, der fließend in den **goldenen Oktober** übergeht. Die

Regel-Variationen

»Bleiben die Flügel von Gabriel,
Michael und Raphael trocken,
bleiben im Weinmond (Oktober) auch
so Schuh' und Socken.«

»Wenn Michael durch Pfützen geht,
ein milder Winter vor uns steht.«

»Wenn Michael Wärme und Sonnenschein bringt, er einen goldenen
Oktober erzwingt.«

»Fällt warmer Regen am Michaelstag,
kein rechter Winter kommen mag.«

»Wenn Regen um Michael aufs
Fensterbrett klopft, im Winter oft Wasser
vom Dache tropft.«

»Bringt Sankt Michael Regen,
kann man im Winter den Pelz ablegen.«

stärkere Bewölkung im Norden dürfte auf sich abschwächende, verhungernde atlantische Frontensysteme zurückzuführen sein, die aufgrund der Wirkung des Azorenhochs bzw. eines von diesem ausgehenden Keiles nicht weiter vorankommen. Im Süden, wo der Hochdruckeinfluss noch stärker ist, lacht die Sonne über längere Zeiträume hinweg vom Himmel.

Michael wird unter anderem als Schutzpatron der Apotheker, Schneider, Vergolder, Zinngießer, Glaser, Maler und Drechsler verehrt wird. Herrscht an seinem Namenstag regnerisches Wetter, was allerdings seltener der Fall ist, so folgt mit einer Wahrscheinlichkeit von 65 Prozent ein milder Winter. Der Überlieferung nach ist Michael der Engel mit dem Schwert, der Adam und Eva aus dem Paradies trieb und als Bewacher des Lebensbaumes in Erscheinung trat. Er soll Seth einen Zweig vom Baum der Erkenntnis gereicht haben. Michael wird häufig als derjenige angesehen, der zu Beginn der Schöpfung, vor Erschaffung der Welt, Luzifer aus dem Himmel gestürzt haben soll. Während Gabriel als Patron der Boten, Zeitungsausträger und Briefmarkensammler gilt, wacht Raphael über Ärzte, Dachdecker, Kranke, Pilger und Reisende.

»Warmer Gilbhart *(Oktober)* bringt fürwahr uns einen kalten Januar.«

Dass dieser Reim bei entsprechender Berücksichtigung der Niederschläge auf gar nicht so wackligen Füßen steht, haben Untersuchungen bewiesen. Fällt der Oktober in Mitteleuropa im Durchschnitt um mindestens 1,5 Grad zu warm und gleichzeitig westlich der Oder trockener als normal aus, ist mit der hohen Wahrscheinlichkeit von mehr als 85 Prozent ein zu kalter Januar zu erwarten. Bei einem verregneten Oktober ist dies meist nicht der Fall.

Worauf lässt sich diese **Oktober-Januar-Regel** zurückführen? Ein warmer und trockener Oktober setzt das Überwiegen hohen Luftdruckes voraus. Hochdruckwetterlagen werden von den Strömungsverhältnissen der Luft in fünf bis zehn Kilometer Höhe gesteuert. Diese weisen unter bestimmten meteorologischen Randbedingungen offensichtlich einen Rhythmus auf, der eine ähnliche Strömungskonfiguration im Januar zur Folge hat.

Hochdruckwetterlagen im Winter gehen aber gewöhnlich mit Kälte einher. Wenn dazu noch eine Schneedecke liegt, treten normalerweise sogar strenge bis sehr strenge Fröste auf. Die Regel kann man getrost zu einer vorsichtigen Prognose der Witterung in den Januarwochen heranziehen.

Regel-Variationen

»Je süßer im Gilbhart (Oktober) reifet der Wein, desto strenger die Januarkälte wird sein«.

»Oktober lau – Januar rau.«

»Fällt warm und trocken der Oktober aus, dann schütze vor Winterkälte dein Haus.«

»Verjagt warme Oktobersonne Wolken und Regen, wird Nordostwind im Januar über die Felder fegen.«

»Wenn im Weinmond *(Oktober)* viel Nebel wallen, wird reichlich Schnee im Winter fallen.«

In sechs von zehn Fällen trifft diese Regel wirklich zu. Das heißt, liegt die Zahl der Nebeltage über der Norm, dann wird auch die Zahl der Schneedeckentage im Verlauf des Winters den langjährigen Durchschnittswert mehrheitlich übertreffen. Da im Oktober im Schnitt jeden dritten Tag mit Nebel zu rechnen ist, gilt der Weinmond im Volksmund auch als **»Nebelchampion«.** Selbst die sich in sieben von zehn Jahren ab dem 10. Oktober ausbildende Schönwetterperiode zeichnet sich häufig bis in die Vormittagsstunden durch Nebel aus, bevor sich der Tag dann sonnig zeigt. Nachts ist es schon empfindlich kühl. Die Luft kann dann nicht mehr so viel Feuchtigkeit aufnehmen.
Die überschüssige Feuchtigkeit kondensiert in Form kleiner Tröpfchen zu Nebel, der bei ruhiger und windstiller Witterung mitunter sogar den ganzen Tag trübe gestalten kann.
Des Öfteren bilden sich im Verlauf des Oktobers sogenannte **Inversionswetterlagen** aus, bei denen sich über einer am Boden liegenden Kaltluftschicht warme Luft befindet. Das hat die Ausbildung bodenständigen Nebels zur Folge. Während in den Niederungen die Trübung der Luft den Autofahrern das Leben schwer macht, ragen die Gipfel der Berge aus der »Nebelsuppe« heraus und erfreuen sich bei merklich höheren Temperaturen als in den Tallagen herrlichen Sonnenscheins und außergewöhnlicher Fernsichten.
Da diese Bauernregel Rückschlüsse auf die Schneeverhältnisse im Winter erlaubt, dürfte sie nicht nur für Bauern von besonderem Interesse sein, die einen frostigen und verschneiten Winter favorisieren. Auch Wintersportler und Schneefreaks dürfen sich nach einem nebligen Oktober auf die kommende Wintersaison freuen – zumindest mit einer Wahrscheinlichkeit von 60 Prozent.

Regel-Variationen
»Wenn der Oktober viel Nebel bringt, das Lied vom schneereichen Winter er singt.«
»Versteckt sich die Oktobersonne hinter Nebelschwaden, werden Dezemberwolken viel Schnee abladen.«
»Will im Oktober der Nebel nicht weichen, Schneemassen im Winter, so weit die Augen reichen.«

»Wenn an Martini Nebel sind,

wird der Winter meist gelind.«

11. November – Martinstag

Es gibt nur wenige Tage im Jahresverlauf, um die sich so viele Bauernweisheiten und Sprüche ranken wie an Sankt Martin. Zu denen mit prognostischem Charakter zählt unter anderem oben angeführter Reim, der gar nicht so selten ins Schwarze trifft. Tragen nämlich die Tage um Martini ein Nebelgewand und zeigen sich damit von einer feucht-trüben Seite, so ist in sechs bis sieben von zehn Fällen ein insgesamt zu milder Winter zu erwarten.

Noch treffsicherer erweist sich die Regel, wenn man das Nebelverhalten in der Zeit vom 19. bis 23. November, also rund zehn Tage später, in Betracht zieht. Da offenbart sich der Zusammenhang mit den kommenden **Wintertemperaturen** noch deutlicher. Dominiert an diesen fünf Tagen nebliges Wetter, so wird sogar mit einer Wahrscheinlichkeit von 75 Prozent der Winter zu mild ausfallen. Rückschlüsse von einem sonnigen Martinstag auf einen strengen Winter führen aus statistischer Sicht allerdings zu keinem befriedigenden Ergebnis.

Neben Sankt Georg (23. April) gehört Sankt Martin zu den vornehmsten Heiligen, da beide beritten dargestellt werden. Martin wurde um 316/317 in Pannonien, im heutigen Ungarn, geboren und lebte bis 397. In die Kirchengeschichte ist er als »Wundertäter von Tours« sowie als »Beschützer aller Bedrängten und Schrecken aller Gewalttätigen« eingegangen.

Regel-Variationen

»Ist Martini trüb und feucht, wird gewiss der Winter leicht.«

»Wenn sich die Sonne um Sankt Martin versteckt, wird kein richtiger Winter geweckt.«

»Schaut Martin trübe über Flur und Feld, kaum Schnee den Wintertag erhellt.«

»Siehst du Martin im Nebel stehen, dann milde Winde im Januar wehen.«

»Martinstag, trüb und lind, ist der Winter lieb' Kind.«

»Verschläft die Sonne an Sankt Martin den Tag, ein milder Winter sich einstellen mag.«

»Versteckt sich Martin hinter Nebelschwaden, sind die Januarwolken meist mit Regen beladen.«

Der Überlieferung nach soll ein Offizier von edler Gesinnung namens Martin hoch zu Ross vor dem Stadttor von Amiens seinen Mantel zerschnitten und eine der beiden Hälften einem frierenden Bettler geschenkt haben. Als sich dieser Bettler nachts im Traum als Christus zu erkennen gab, hängte besagter Offizier seinen Soldatenberuf an den Nagel und wirkte fortan als Missionar und Einsiedler. Als man ihm anno 371 das Amt des Bischofs von Tours antrug, versteckte sich Martin, nicht gewillt, dieses Amt zu übernehmen, in einem Gänsestall. Das Geschnatter der Tiere verriet ihn jedoch. Alle Jahre wieder landen deshalb die Gänse am Sterbetag des heiligen Martin – als Strafe für ihren Verrat – als **Martinsgans** auf unseren Tellern.

Noch heute pflegt man in einigen Gegenden den Brauch, Martinsbrezeln zu backen und Martinsfeuer zu entfachen. In manchen Regionen des Tieflandes treibt man die auf der Weide befindlichen Tiere erst am Martinstag wieder in ihre Ställe. Nach vollbrachter Arbeit übergibt der Hirte dem Bauer eine bunt geschmückte Birken- oder Eschengerte mit der Bitte, diese bis zu dem Frühjahrstag aufzubewahren, an dem die Tiere erstmals wieder ins Freie getrieben werden. Die geschmückte Gerte soll symbolisch die Fruchtbarkeit der Tiere über die langen Winterwochen tragen.

Da der Winter nicht mehr fern ist, heißt es im Volksmund: »Mit den Federn der Martinsgans fällt der erste Schnee.«

»Wie Katharina das Wetter gestaltet, so der nächste Februar waltet.«

25. November – Katharina

Bezieht man diese Regel auf die Frage: »Trocken oder nass?«, dann trifft sie mit einer Zuverlässigkeit von ungefähr 70 Prozent zu. So folgt trockenem Wetter um den Katharinentag in acht von zehn Fällen ein niederschlagsarmer **Hornung,** wie der Februar in alten Schriften bezeichnet wird. Herrscht dagegen regnerisches Wetter um Sankt Kathrein, so zeichnet sich in sechs von zehn Fällen der Februar durch ein überdurchschnittliches Niederschlagsangebot aus.
Der Namenstag von Katharina, die als Schutzpatronin der Mädchen, Jungfrauen, Spinner, Tuchhändler, Philosophen und Rechtsgelehrten sowie als Helferin bei der Suche nach Ertrunkenen verehrt wird, ist ein **bedeutender Lostag** im Jahr. Mit ihm beginnt auch die Zeit des vorweihnachtlichen Kuchen- und Plätzchenbackens, die den Stuben den Duft von Zimtsternen, Vanillekipferln und vielen weihnachtlichen Leckereien mehr beschert. Katharina, deren Existenz historisch nicht belegt ist, wurde erstmals im 10. Jahrhundert schriftlich erwähnt. Der Überlieferung nach starb sie im vierten Jahrhundert als Märtyrerin. Obwohl sich viele Menschen um Kathrein fragen, ob es dieses Jahr weiße Weihnachten geben wird, gibt es an ihrem Lostag keinen Bauernspruch, der sich auf das Weihnachtswetter bezieht.

Regel-Variationen

»Lacht Katharina im Sonnenschein,
stellt lachend sich auch der Februar ein,
doch fällt Regen an Sankt Kathrein,
wird er auch im Hornung der Begleiter sein.«

»Macht Sonnenschein um Katharina den Boden warm, wird trocken der Hornung und niederschlagsarm.«

»Wie es um Kathrein, trüb oder rein,
so wird auch der nächste Februar sein.«

»Macht Katharina den Winter zu einem starken Mann, er viel Schneesturm im Hornung bringen kann.«

»Wenn Kathrein schmückt mit Reif die Zweige, geht erst Ende Hornung der Winter zur Neige.«

»Gehst zu Kathrein du mit Schirm aus dem Haus, sieht's nach viel Regen im Februar aus.«

»Friert im November zeitig das Wasser, wird's im Januar umso nasser.«

An dieser Regel ist wirklich etwas dran. Liegt die Anzahl der Frosttage in der Zeit von Allerheiligen (1. November) bis zum 10. November über dem langjährigen Durchschnittswert, so wird mit einer Wahrscheinlichkeit von 75 Prozent im darauffolgenden Januar die Zahl der Regentage übernormal hoch bzw. die Zahl der **Schneefalltage** unterdurchschnittlich niedrig sein. Auch wenn der in der Bauernregel aufgezeigte Zusammenhang Wintersportlern gar nicht gut gefällt: Sie besitzt eine verhältnismäßig hohe Trefferquote.

Der Landwirt sieht ebenfalls Regen im Januar nicht allzu gern, denn im Falle eines milderen Witterungsverlaufs muss mit häufigerem **Frostwechsel** in der Krume gerechnet werden. Darunter ist das meist tagsüber erfolgende Auftauen und das normalerweise nächtliche Gefrieren des in der Erde enthaltenen Wassers zu verstehen. Wasser dehnt sich beim Gefrieren aus, sodass es zu Hebungsvorgängen in der Krume kommt. Dadurch kann es bei den Wintersaaten zu Wurzelrissen kommen, welche die weitere Entwicklung der jungen Winterraps- und Wintergetreidepflanzen beeinträchtigen, schlimmstenfalls sogar zum Absterben derselben führen.

Regel-Variationen

»Zeigt kalt sich um Gregor (04.11.) die Spätherbstnacht, Südwestwind den Eismond (Januar) oft milde macht.«

»Bedeckt an Leonhard (06.11.) schon Eis den Teich, wird der Januar nass und weich.«

»Bringt früh der November Eis, fehlt im Januar das Weiß.«

»Fällt auf Eligius ein kalter Wintertag, die Kälte noch vier Wochen dauern mag.«

1. Dezember – Eligius

Alle Jahre wieder ist Anfang Dezember die Frage nach dem Weihnachtswetter, ob es Frost, Raureif, Schnee oder grüne Feiertage geben wird, von besonderem Interesse. Aus diesem Grund empfiehlt es sich, obiger Regel besondere Aufmerksamkeit zu schenken, die unter anderem in den Wintern 1969/70 und 2010/11 eine eindrucksvolle Bestätigung erfahren hat. Liegt die Tagesmitteltemperatur zu bzw. um Eligius unter der Null-Grad-Marke, so fällt der Dezember mit einer Wahrscheinlichkeit von ungefähr 70 Prozent zu kalt aus.
Als Ursache schlägt hier die Erhaltungsneigung der Großwetterlage über die gesamte **Adventszeit** hinweg zu Buche. Das nährt nicht zu Unrecht die Hoffnung, dass Frost und Schnee den Weihnachtsfeiertagen ihren Stempel aufdrücken werden. Das ist zwangsläufig allerdings nicht immer der Fall, kann doch die Monatsmitteltemperatur trotz milderer Festtage deutlich unter der Norm liegen.
»Es treibt der Wind im Winterwalde die Flockenherde wie ein Hirt.« Mit ähnlichen Bildern wie Rainer Maria Rilke haben auch andere Dichter die Weihnachtszeit charakterisiert. Für viele Menschen ist die Weihnachtszeit, wenn sie mit Temperaturen unter dem Gefrierpunkt und einer tief verschneiten Landschaft einhergeht, von besonderem Reiz und bleibt lange im Gedächtnis haften. Zumeist wird der Traum von einer **weißen Weihnacht** jedoch durch die Realität einer grünen Weihnacht zerstört. Schuld daran ist eine Mitte des letzten Dezemberdrittels auftretende Witterungsperiode, die durch Zustrom milder Meeresluft aus Südwest bis West gekennzeichnet ist. Sie kann sogar in den höheren Lagen der Mittelgebirge ein zumindest teilweises Abschmelzen der Schneedecke bewirken.

Regel-Variationen

»Erster Advent hinter vereisten Scheiben, dann wird's der Winter lange arg treiben.«
»Hat sich Eligius mit dem Winter vereint, ein weißes Christfest er nicht verneint.«
»Wenn Eligius sich mit dem Winter verbündet, dies für Wochen von Schneefall kündet.«

Dieser als »**Weihnachtstauwetter**« bekannte statistische Regelfall tritt mit einer Wahrscheinlichkeit von immerhin 72 Prozent auf. So kann man im Küstengebiet nur ein- bis zweimal, im Binnentiefland lediglich zwei- bis dreimal in einem Jahrzehnt mit weißen Weihnachten rechnen. Häufungen von Eistagen im ersten Drittel des Christmondes, Julmondes oder Wolfsmondes, wie der Dezember auch bezeichnet wird, sind im Tiefland seltener, denn während der ersten zehn Tage des Monats überwiegen mit einer Wahrscheinlichkeit von 80 Prozent Westwetterlagen, die sich durch mildere Meeresluft auszeichnen.

Geben sich aber Frost und Schnee zu Monatsbeginn ein Stelldichein, dann pflegt es meist bis zur **Wintersonnenwende** zunehmend kälter zu werden. Besonders in den Mittelgebirgen und in den Alpen bilden sich dann höhere Schneedecken aus, die den Winter überdauern und bis zum Frühjahr erhalten bleiben. Liegt Anfang Dezember eine geschlossene Schneedecke, dann sind die Chancen auf weiße Weihnachten sehr groß. Das gilt auch für die Tieflandstandorte.

Gib auf den Tannenzapfen acht – Pflanzen als zuverlässige Wetterpropheten

Vielleicht sollte man bei vielen Pflanzen lieber von lebenden Messgeräten sprechen, denn sie zeugen vom augenblicklich vorherrschenden atmosphärischen Zustand, der Aussagen über zukünftiges Wetter erlaubt. Grund genug also, sich einige Pflanzen einmal unter dem Aspekt der Wettervorhersage genauer anzusehen. Ihre Organe reagieren sehr sensibel auf Umweltveränderungen.

»Grünt die Eiche vor der Esche,
hält der Sommer große Wäsche;
doch grünt die Esche vor der Eiche,
gibt's im Sommer große Bleiche.«

Für diese Regel, bei der im Volksmund statt des Wortes »grünt« auch das Wort »blüht« stehen kann, existiert eine logische Erklärung, ungeachtet der Tatsache, dass eine Überprüfung des Sachverhalts durch den Umstand erschwert wird, dass bei der Eiche Blattaustrieb und Blüte zeitlich zusammenfallen, während sich die Blühphase bei der Esche normalerweise schon längere Zeit vor deren Austrieb einstellt. Legt man den Blühbeginn beider Baumarten zugrunde, wird man zu etwas anderen Ergebnissen im Hinblick auf die Trefferquote der Regel gelangen, als wenn man das Ergrünen beider Bäume zum Maßstab für seine Untersuchungen macht. Übrigens sind in dieser alten, häufig zitierten Bauernweisheit mit der »Wäsche« viel Regen und mit der »Bleiche« reichlich Sonne und Trockenheit gemeint.

Prüfen wir hier den Wahrheitsgehalt dieser Regel in Bezug auf den **Blattaustrieb.** Die Durchwurzelungstiefe bei ausgewachsenen Stiel-, Trauben-, Zerr- und Flaumeichen beträgt mehrere Meter, sofern sie ihre maximalen Wuchshöhen, die sich zwischen 20 und 40 Meter bewegen, erreicht haben. Dadurch gelangen die Eichen mit ihren Wurzeln bis in die **Grundwasser** führenden Schichten des Erdreichs und beziehen von dort die lebensnotwendige Feuchtigkeit. Dies befähigt sie selbst in einem sehr trockenen Frühjahr zu einer raschen Blattentfaltung.

Die gemeinsam mit Flieder, Liguster und Forsythie zur Familie der Ölbaumgewächse zählende Esche hingegen, die sich durch ein Senkerwurzelsystem auszeichnet und damit

Regel-Variation

»Wenn grün sich die Eiche vor der Esche kleidet, das Vieh im Sommer auf feuchten Wiesen weidet; doch schlüpft die Esche eher in ihr grünes Gewand, steht ein heißer und trockener Sommer ins Land.«

flacher wurzelt, liebt einen feuchten Untergrund. Fehlt dieser, ist sie auf ausreichende Niederschläge angewiesen. Bleiben im Frühjahr aber die himmlischen Schleusen geschlossen, so setzt die Blattentfaltung deutlich später als bei den Eichen ein, die nicht so sehr auf Regen angewiesen sind.

Im umgekehrten Fall entfalten sich die Blätter der Esche sehr rasch und eher als bei den Eichen, wenn es sich um ein nicht zu kühles Frühjahr mit hohen Bodenfeuchten in den oberen Schichten des Erdreichs handelt oder ein feuchter und überdurchschnittlich temperierter Spätwinter vorausging.

Erweist sich das Frühjahr als niederschlagsarm, so gestaltet sich häufig – wenn auch nicht immer – der Sommer unbeständig und nass (große Wäsche). Dagegen folgt einem feuchten Frühjahr relativ oft ein trockener, zu Dürre neigender Sommer (große Bleiche). Aus diesem Grund kann man der eingangs zitierten Regel eine größere Treffsicherheit als manch anderer Bauernweisheit bescheinigen. Bei eigenen Betrachtungen sollte bedacht werden, dass die Esche, deren Blüten zweigeschlechtig sind, erst mit einem Alter von 30 Jahren blühfähig wird.

Bei unseren Altvorderen galt das Laub der Esche, die sich in der Nähe von Fließgewässern in Erlen/Eschen- und Eschen/Ulmen-Auenwäldern wohlfühlt, als wichtiges Winterfutter für das Vieh. Eschen finden als Klangholz im Musikinstrumentenbau Verwendung.

»Wenn der Zapfen seine Schuppen schließt, der Himmel bald die Blumen gießt.«

Dem genauen Naturbeobachter dürfte auffallen, dass der Schuppenpanzer der Zapfen unserer Nadelgehölze bei regnerischem Wetter weitgehend geschlossen ist. Tannenzapfen eignen sich gut als **Wetterpropheten.** Verschlechtert sich das Wetter, so schließen sie ihre Schuppen. Damit verhindern sie, dass die unter den Schuppen sitzenden Samen noch vor ihrer Reife nass werden und damit faulen können. Schon lange vor dem Eintreffen der Niederschläge, die sich durch Zufuhr zunehmend feuchter Luft ankündigen, beginnen die Tannenzapfen ihren Schuppenpanzer zu schließen, denn es dauert eine gewisse Zeit, bis alle Schuppen dicht anliegen.
Oft weht ein leichter Wind aus östlichen Richtungen. Dieser führt Festlandsluft, die nur einen geringen Wasserdampfgehalt aufweist, heran. Bei Zustrom trockener Luft, die in der Regel schönes Wetter ankündigt, öffnen die Zapfen ihr Schuppenkleid. Das heißt, dass die verholzten Fruchtschuppen sich auseinanderspreizen. Den gleichen Effekt erreicht man bei Lagerung eines Zapfens in der Nähe eine warmen Ofens. Unter einer Kiefer geht dieser Vorgang mit einem nicht überhörbaren Knistern einher.
Zapfen reagieren auf Änderungen der **Luftfeuchte** sehr sensibel und sind somit eine Art natürliches Hygrometer. Diese Regel kann man als sehr zuverlässig einstufen.

Regel-Variationen
»Gib auf den Tannenzapfen acht, er sagt dir, was das Wetter macht.«
»Öffnen die Kiefernzapfen ihre Schuppen weit, hat der Wind keinen Regen im Geleit.«

»Öffnet sich der Wetterstern,

ist Regenwetter nicht mehr fern.«

Bei unseren Altvorderen wurde dieser eigentümliche Pilz, der in Symbiose mit den Wurzeln diverser Kiefernarten auf trockenen, meist sandigen oder kalkarmen Böden wächst, ebenfalls als eine Art Hygrometer benutzt – ähnlich wie bei den Tannenzapfen (siehe Regel 46). Beim Wetterstern handelt es sich um einen den Erdsternen sehr ähnlichen, aber nicht mit ihnen verwandten Pilz. Vielmehr zählt er zur großen Familie der Röhrlinge.

Dieser Pilz wächst zunächst als unterirdische Kugel heran, die sich durch eine zweischichtige Hülle auszeichnet. Sobald diese die Bodenoberfläche durchbricht, spaltet sie sich in eine innere und eine äußere Schicht. Die Bewegung der reifen Fruchtkörper wird durch die **Luftfeuchtigkeit** gesteuert: Bei Zufuhr feuchter Luft löst sich die äußere von der inneren Schicht und reißt sternförmig auf. Dabei wird der eigentliche Sporenbehälter, der als dünnhäutige Kugel mit

einer kleinen Öffnung in Erscheinung tritt, nach oben gehoben. Im Falle des Zustroms trockener Luft schließen sich dagegen die Zacken des Wettersterns um den Sporenbehälter.

Der Wetterstern wurde 2005 zum »Pilz des Jahres« gekürt und kann in Deutschland am häufigsten noch in Bayern angetroffen werden. Er hat eine Überlebensstrategie entwickelt, die oft mit dem Verhalten der **Rose von Jericho** verglichen wird, denn beide entfalten in feuchtem Zustand ihre eigentliche Pracht. Auch dieser Regel kann man wirklich vertrauen.

Regel-Variation

»Zeigt tagsüber der Wetterstern seine volle Pracht, fällt gewiss Regen in der darauffolgenden Nacht.«

»Wenn der Frauenmantel schwitzt, bald Regen uns im Nacken sitzt.«

Der in vielen Gärten anzutreffende Frauenmantel, im Volksmund auch »Tränenschön«, »Weiberkittel«, »Marienblümli«, »Wasserträger« und »Alchemistenkraut« genannt, zählt ebenfalls zu den Gewächsen, die Auskunft über das Wetter geben können. Sitzen an seinen Blatträndern kleine Wassertröpfchen, weist dies auf eine Wetterverschlechterung hin. Bei den Wassertröpfchen handelt es sich um **Guttationswasser,** das die Pflanze durch feine Poren infolge osmotischen Druckes absondert, das aber aufgrund der mit der Wetterverschlechterung zunehmend feuchteren Luft nur schwer oder gar nicht verdunsten kann. Unter Guttation ist somit die Abgabe von flüssigem Wasser durch die Pflanzen zu verstehen.

Zu diesem Vorgang, den wir mitunter auch bei unseren Zimmerpflanzen (Efeutute, Dieffenbachie, Fensterblatt, Zantedeschia, Stromanthe) beobachten können, kommt es immer dann, wenn die Pflanze sehr gut mit Wasser versorgt ist und eine hohe Luftfeuchtigkeit herrscht. Ein Boden, der wärmer als die Luft ist, fördert den Guttationsprozess. Insekten, wie zum Beispiel Bienen, nutzen das Guttationswasser, das häufig auch über die Blätter von Erdbeeren, Kapuzinerkresse, Ackerschachtelhalm, Franzosenkraut, Blumenkohl, jungem Getreide und Mais abgegeben wird, um ihren Durst zu stillen. Da die morgens auftretenden Tautropfen, die auf Fortbestand des schönen Wetters hinweisen, meist wie Perlen und unregelmäßig auf der Blattfläche liegen und von dort verdunsten, besteht keine Gefahr der Verwechselung mit den Guttationswassertröpfchen, die relativ gleichmäßig an den Blatträndern angeordnet sind. In alter Zeit versuchten Alchemisten, Gold aus diesen Tröpfchen zu gewinnen.

Natürlich können Taubildung und Guttation gleichzeitig auftreten. In den frühen Morgenstunden finden bei starker Abkühlung einer an sich trockenen Luftmasse in unmittelbarer Bodennähe bis zum Taupunkt Kondensationsvorgänge statt, die zur Bildung von Tau führen. Parallel dazu kann man Guttation beobachten, sofern eine reichliche Bodenfeuchteversorgung

Regel-Variation

»Schmückt sich's Frauenmantelblatt mit Diadem, wird Regenwetter für den Wanderer zum Problem.«

der Pflanzen gegeben ist. Doch bei dem durch Taubildung zu erwartenden Fortbestand trockenen und freundlichen Wetters werden die Guttationswassertröpfchen genau wie die **Tautropfen** rasch verdunsten.

Das ist bei Zustrom sehr feuchter Luft nicht der Fall. Denn darin kann sich aufgrund vertikaler Durchmischung kaum eine stark stabile, die Taubildung fördernde bodennahe Schichtung aufbauen. Insofern kann uns der auf den Frauenmantel bezogene Reim ein guter Ratgeber im Hinblick auf die weitere Wetterentwicklung sein. Die für den Frauenmantel volkstümliche Bezeichnung **»Gewittergras«** rührt von dem alten Brauch her, aus dieser Pflanze gefertigte Büschel oder Kränze zur Abwehr von Blitz und Donner an Dachfirsten, Fenstern, Toren und Türen aufzuhängen.

Pflanzen als zuverlässige Wetterpropheten

»Hält der Ackergauchheil seine Blüten offen,

darfst du auf schönes Wetter hoffen.«

Dieses kleinwüchsige Unkraut kann im Sommer dem Naturfreund Auskunft über das bevorstehende Wetter geben. In alter Zeit wurde der von Juni bis Oktober blühende Ackergauchheil als »das **Wetterglas** des armen Mannes« bezeichnet. Hält die kleine einjährige Wildpflanze, die nährstoffreichen Boden und einen sonnigen Standort liebt, ihre orangeroten bis zinnoberroten Blüten geschlossen, muss man mit Regen rechnen. Begegnen wir dem Ackergauchheil jedoch mit geöffneten Blüten, so setzt sich das freundliche Wetter fort. Das kleine Gewächs, dessen ursprüngliche Heimat sich heute nicht mehr feststellen lässt und das den Menschen begleitet, seit dieser Ackerbau betreibt, trägt auch die Namen »Wetterkraut« und »Nebelpflanze«. Überschreitet nämlich die relative Luftfeuchtigkeit 80 Prozent, so verschließt sie ihre Blüten und weist damit auf eine zunehmende Nebelneigung bzw. auf eine sich vergrößernde Niederschlagswahrscheinlichkeit hin.

Bei freundlichem Wetter pflegt der Ackergauchheil seine Blüten gegen acht Uhr zu öffnen, um sie spätestens gegen vier Uhr nachmittags wieder zu schließen. Wegen seiner zeitlichen Verlässlichkeit wurde er zum Bestandteil einer von dem schwedischen Naturforscher Carl von Linné 1745 erstmals angelegten **Blumenuhr.** Offenbar besitzt die kleine Pflanze sowohl gegenüber den Lichtverhältnissen als auch gegenüber der Luftfeuchtigkeit sehr sensible Rezeptoren. Die auch als »Weinbergstern« und wegen ihrer rötlichen Färbung als »Blutstropfen« bezeichnete Pflanze kann daher bei schönem Wetter auch zur Abschätzung der Tageszeit genutzt werden. Wie der Ackergauchheil gibt die Vogelmiere, eine ähnlich kleine, nur weiß blühende Wildpflanze, ebenfalls Aufschluss über das Wetter im Tagesverlauf oder in den nächsten Stunden: »Schließt die Vogelmiere ihre kleinen Blüten, musst du dich vor Regenwetter hüten.«

Regel-Variationen

»Wenn der Ackergauchheil rot leuchtet, so schnell kein Regen die Felder befeuchtet.«

»Hält das Auge der Miere deinem Blicke nicht stand, ziehen Regen und Sturm bald übers Land.«

»Wenn ruckartig das Drehmoos sich bewegt, bald Regen einzusetzen pflegt.«

Ein Winzling unter unseren pflanzlichen Wetterpropheten ist das Echte Drehmoos, das nicht zu Unrecht auch die Bezeichnung **»Wetteranzeigendes Drehmoos«** trägt. Es gilt als Kulturfolger des Menschen und zählt zu den physiologisch am meisten untersuchten Laubmoosarten. Der Bezeichnung »Drehmoos« liegt die Fähigkeit der Pflanze zugrunde, die durch einen Stiel emporgehobene Sporenkapsel bei sich änderndem Wetter zu bewegen. Dadurch wird eine gute Verbreitung der Sporen durch den Wind gewährleistet.

Drehmoose führen bei entsprechend hoher Luftfeuchtigkeit oder bald einsetzendem Regen sowie bei einer stärkeren Austrocknung des kleinen Gewächses ruckartige Drehbewegungen aus. Wie von Geisterhand werden so die Sporen aus der Kapsel herausgeschleudert. Derartige Bewegungen sind auf den unterschiedlichen Hydratationszustand der Zellwände oder einzelner Zellwandschichten zurückzuführen. Dabei genügt die Luftfeuchtigkeit, um unter Spannung stehende Zellen oder Gewebepartien zu verformen. Wie sich ein Bimetallstreifen bei Temperaturveränderungen krümmt, deformieren sich infolge der unterschiedlichen Quellbarkeit übereinanderliegender Zelluloseschichten die Zellwände und damit auch das Gewebe bei **Feuchtigkeitszufuhr.**

Das Moos nutzt im Interesse seiner Vermehrung sowohl feuchtes als auch trockenes Wetter. Bei feuchtem Wetter herausgeschleuderte Sporen können unweit von der »Mutterpflanze« zügig keimen, während bei trockenem Wetter abgesonderte Sporen durch den Wind auf einen ganz anderen Standort verfrachtet werden können, was eine Verbreitung des Drehmooses fernab der »Mutterpflanze« möglich macht. Die Natur hält hier eine sehr intelligente Lösung der Vermehrung parat. Ein Tipp für den akribischen Naturbeobachter: Das kosmopolitische Echte Drehmoos bevorzugt vegetationsarmen, mineralkräftigen Boden. So gelten schlammige Gewässerufer und Brandstellen als natürliche Standorte.

Regel-Variation

»Wenn die Stielchen des Wettermooses
samt Köpfen sich drehen,
wird bald ein Wetterumschwung vor
uns stehen.«

»Wenn die Silberdistel ihr Antlitz zeigt,
zu Sonnenwetter der Sommertag neigt;
doch verbirgt sie ihr Gesicht,
dies für Regenwetter spricht.«

Nicht umsonst trägt diese mehrjährige, krautige Pflanze, die bis in Höhenlagen von 1400 Metern über dem Meeresspiegel angetroffen werden kann, neben den Namen »Rosswurz«, »Hundszorn«, »Jagerbrot«, »Karlsdistel« und »Große Eberwurz« auch die Bezeichnung **»Wetterdistel«.** Das zur Familie der Korbblütler zählende Gewächs, das in fast ganz Europa mehr oder weniger stark verbreitet auftritt, bevorzugt Halbtrockenrasen, Magerwiesen, Heide- und Weideland, aber auch lichte sonnige Lagen in Buschwäldern sowie steinige Hänge. Früher nutzten die Bauern, Schäfer und Jäger die Silberdistel als Wetterprophetin. Erhöht sich die Luftfeuchtigkeit bei bevorstehender Wetterverschlechterung, dann nehmen die abgestorbenen Hüllblätter aufgrund ihrer hygroskopischen (wasseranziehenden) Eigenschaft Wasser auf. Da diese an ihrer Unterseite sich mehr Wasser als an ihrer Oberseite einverleiben, kommt es zu einer Krümmung derselben nach oben und damit zu einem

Regel-Variationen

»Wenn sich der Silberdistelkopf wie ein Igel zusammenrollt, bald Regen vom Himmel kommt oder ein Gewitter grollt.«

»Wartet die Silberdistel auf den Besuch von Faltern und Bienen, wird Frau Sonne am Himmelszelt weiter dienen.«

»Wenn die Silberdistel sich geöffnet zeigt, der Tag zu sonnigem Wetter neigt.«

»Hält die Silberdistel ihren Blütenkorb offen, darfst du weiter auf schönes Wetter hoffen.«

»Verschließt sich die Distel unseren Blicken, wird Himmelsnass uns bald beglücken.«

»Zeigt sich die Silberdistel selbst als Sonne, gerät das Wetter dem Landmann zur Wonne; doch wenn die kleine Sonne untergeht, dann Wind und Regen vor uns steht.«

Schutz der bis zu mehreren hundert weiß- bis dunkelrotfarbenen Röhrenblüten vor zu erwartendem Regen. Beobachten also tagsüber **Wanderer und Bergsteiger,** dass die Hüllblätter ein schützendes Zelt um die Silberdistelblüte gelegt haben, können sie davon ausgehen, dass Schlechtwetter im Anzug ist, und schon Ausschau nach einer trockenen Bleibe halten.

Wer nicht glauben will, dass die Silberdistel genau wie ihre weniger bekannte Schwester, die Golddistel, auf die Zufuhr feuchterer Luft noch vor dem Einsetzen von Niederschlägen reagiert, der braucht den bei freundlichem Wetter weit geöffneten Blütenkorb nur mehrmals anzuhauchen und die Reaktion der Blütenblätter zu verfolgen. Die Pflanze ist gezwungen, ihre silberweißen Hüllblätter rechtzeitig zum Schutz der Blüten einzusetzen. Würden diese unvermittelt durch Regentropfen benetzt, wären die Pollen vernichtet.

Einer Sage zufolge soll Karl der Große sein Heer durch Silberdisteln vor der Pest bewahrt haben, nachdem ihm im Traum ein Engel erschien, der einen Pfeil abschoss, welcher genau eine Silberdistel traf. Der mitunter verwendete Name »Karlsdistel« hat hier ihren Ursprung.

»Zeigt Regenschirme der Sauerklee gern,

ist's Schlechtwetter nicht mehr fern.«

Auf Wetterveränderungen reagiert der Sauerklee, im Volksmund auch »Hasenklee« oder »Himmelsbrot« genannt, sehr sensibel. Diese krautige, mehrjährige Pflanze pflegt bei nahendem Regen nicht nur die von April bis Juni zur Schau getragenen weißen Blüten zu schließen, die eine violette Längsäderung aufweisen, sondern auch die Blätter zusammenzufalten und die Blattstiele aufrecht zu stellen. Er bildet gewissermaßen ein **Regenschirmchen** aus, von dem das Wasser schnell abläuft und nicht ganz uneigennützig dem Boden zugeführt wird. Der Sauerklee fühlt sich in den kalten und gemäßigt kalten Regionen Asiens, Nordamerikas und Europas zu Hause. Er bevorzugt Wälder sowie schattige Standorte und liebt humusreiche, leicht saure Böden. Schon bei nur einem Zehntel des Tageslichts erreicht er seine volle Assimilationsleistung. Dies kennzeichnet die Pflanze als **Schattengewächs.**

Bei starker Besonnung und großer Hitze neigt der Sauerklee ebenfalls dazu, seine Teilblättchen wie bei nahendem Schlechtwetter einzuklappen. Das tut er, um sich des großen Verdunstungshungers der Atmosphäre zu erwehren, das heißt, um die Wasserabgabe an die Luft zu reduzieren. Dabei werden auch die der Transpiration dienenden Spaltöffnungen geschlossen. Diesen Umstand sollte man bei der Nutzung obiger Bauernweisheit ins Kalkül ziehen.

Regel-Variationen
»Der Waldklee zeigt dem Förster an, ob er mit Regen rechnen kann.«
»Der Sauerklee als ein echter Wetterprophet, faltet die Blätter, wenn Regen vor uns steht.«

»Wenn die Sonnenbräute ihre Schönheit entfalten, wird sich das Wetter freundlich gestalten.«

Gerade während sommerlicher und frühherbstlicher **Schönwetterlagen** (Altweibersommer) zeigen sich die sogenannten Sonnenbräute, zu denen als Wetterpflanzen auch das Gänseblümchen, die Wegwarte, die Ringelblume, der **Löwenzahn** und die Kamille zählen, in ihrer vollen Schönheit. Diese Pflanzen wenden ihre Gesichter, gemeint sind die Blütenkörbe, der Sonne zu. Ihr Haupt folgt, im Halbkreis drehend, dem Licht und Wärme spendenden Himmelskörper. Man könnte sagen, dass sie mit der Sonne Hochzeit feiern, was die Bezeichnung Sonnenbräute erklären würde.

Die Bewegungsreaktion der Pflanzen hängt in starkem Maße auch von der Intensität der Einstrahlung ab. So verfügen die Bräute über kleine Organe (Rezeptoren), die sie in die Lage versetzen festzustellen, wie intensiv die Sonne vom Himmel lacht. Signalisieren diese Rezeptoren der Pflanze, dass die Sonne hinter den Wolken verschwindet, verändert sie den **Wasserdruck** in ihren Blütenzellen. Bei zunehmender Bewölkung, das heißt bei Zufuhr immer feuchter werdender Luft, wird den Zellen und damit dem Gewebe Wasser entzogen, was dazu führt, dass sich die Blüten schließen, um sich vor möglichem Regen zu schützen. Naht dagegen trockenes, sonniges und warmes Wetter, pumpt die Pflanze wieder Wasser in ihre Blütenzellen, was zur Folge hat, dass die Blüten sich öffnen. Damit ist zu rechnen, wenn sich Hochdruckwetter einstellt oder morgens sich der Erhalt desselben abzeichnet.

Regel-Variation

»Wenn der Löwenzahn seine schönen Blüten versteckt, sich mit Regenwolken bald der Himmel bedeckt.«

»Kannst du in die blauen Augen der Wegwarte schau'n, darfst du auf anhaltend Schönwetter bau'n.«

Sie ist an fast jedem Straßen- oder Feldwegrand, auf Schuttplätzen und Ödlandflächen zu entdecken und erfreut durch ihre himmelblauen »Blütenaugen« den Betrachter. Die Wegwarte galt schon im Mittelalter als wertvolle, gern genutzte Heilpflanze. Ihre nur aus abgespreizten Zungenblüten bestehenden Blütenköpfe weisen einen Durchmesser von zwei bis drei Zentimetern auf und öffnen sich zur aufgehenden Sonne hin. Sie folgen dann dem Lauf der Sonne und schließen sich in Abhängigkeit von der Strahlungsintensität, aber auch von der geographischen Breite um die Mittagszeit oder am frühen Nachmittag. Auf der Blumenuhr von Carl von Linné (siehe Regel 49) ist das gegen zwei Uhr nachmittags der Fall. Wenn Regenwetter naht, schließen sich die Blütenköpfe oder gehen gar nicht erst auf.

Die Wegwarte zählt somit zu den typischen **Blumenuhrpflanzen.** Bei störungsfreiem Wetter schlossen früher die Bauern auf dem Feld aus dem Öffnen und Schließen der Blüten verschiedener Blumenarten auf die Uhrzeit.

Da die Wegwarte ihre Blüten im Hoch- und Spätsommer hierzulande meist um zwölf Uhr schließt, wussten die Bauern, dass es Zeit für die Einnahme des Mittagbrots war. Doch von Standort zu Standort scheint es Unterschiede im Blühverhalten der Wegwarte zu geben. Insofern kann man diese Bauernregel nur am Vormittag anwenden.

Die Wegwarte soll ein zur Blume gewordenes Mädchen symbolisieren, das am Wegesrand auf den Geliebten wartet. Der Überlieferung nach entstand die Hochsommerblume auf folgende Weise: Herr Jesus ging einst hungrig, durstig und müde in Gestalt eines armen Mannes an einem Haus vorbei, aus dessen Fenster ein Mädchen schaute. Er bat um eine Erquickung. Statt eines labenden Tropfens bekam er aber

Regel-Variationen

»Wenn die Wegwarte sich unseren Blicken verschließt, bald Regenwolken die Sonne verdecken, nicht lange dann Unkraut im Garten neu sprießt, da Richtung Himmel sich wird manch' Keimling strecken.«

»Hält die Wegwarte deinen Blicken nicht stand, droht Regen der Stadt und dem Land.«

Schelte und wurde mit der Begründung, sie müsse nach ihrem Liebsten Ausschau halten, von dannen geschickt. Jesus blickte schmerzvoll zum Himmel und zog weiter. Als dann endlich der Bräutigam des schönen Mädchens kam, konnte er noch so viel schauen und suchen. Er fand nur eine blaue Blume, der er noch nie zuvor begegnet war. Das einst so stolze, in eine Pflanze verwandelte Mädchen wartet bis heute darauf, von ihrem Geliebten erkannt und von Jesus, der als Herr der Welt einst wiederkommt, erlöst zu werden.« Dieser Legende wegen heißt die blau blühende, zu den Korbblütlern gehörende Pflanze auch **»Armesünderblume«.**

»Lässt die Zaunwinde ihr Antlitz nicht sehen, wird bald Regen überm Dache stehen.«

Auf diesen Spruch kann man sich wirklich verlassen. Die aus dem eurasischen Raum stammende Zaunwinde, die feuchte und nährstoffreiche Lehmböden bevorzugt und an Zäunen, Gebüschen, Wald- sowie Wegrändern und an den Ufern von Bächen und Flüssen anzutreffen ist, öffnet ihre weißen Trichterblüten, die einen Durchmesser von vier bis sechs Zentimeter aufweisen, nur bei trockenem Wetter.

Die Blüten dieser Wildpflanze, deren bis zu drei Meter langen Triebe sich gegen den Uhrzeigersinn überall, wo sie Halt finden, emporranken, können sowohl **tagsüber** als auch während der **Nachtstunden** geöffnet sein. Kein Wunder, erfolgt doch deren Bestäubung neben Schwebfliegen auch durch Nachtschmetterlinge. Vor dem Nahen von Frontensystemen schließen sich die geruchlosen und anmutigen Blütenkelche der Zaunwinde und zeigen damit Bauern, Gärtnern und Winzern, aber auch Wanderern, Radfahrern und Anglern an, dass eine Wetterverschlechterung bevorsteht. Wer sich dennoch zu einem längeren Aufenthalt im Freien entschließt, tut gut daran, sich zuvor mit Regenkutte oder Regenschirm auszurüsten.

In der Volksmedizin findet die stickstoffliebende Zaunwinde, die in der Zeit von Juni bis September blüht, auch als Heilpflanze Verwendung. Trotz ihrer Schönheit ist die Zaunwinde bei vielen Gartenbesitzern nicht sehr beliebt, handelt es sich doch bei diesem Gewächs um ein wucherndes Unkraut, das sich nur schwer bekämpfen lässt. In Verbindung mit ihrem Wachstum führt die Pflanze sogenannte **Suchbewegungen** aus. Dabei beschreibt die Triebspitze aufgrund unterschiedlich starken Flankenwachstums innerhalb von durchschnittlich 105 Minuten einen dem Uhrzeigersinn entgegengerichteten Kreis von mehreren Zentimetern Durchmesser. Stößt sie dabei auf eine andere Pflanze, beginnt sie diese mit Linkswindungen zu umwachsen und nimmt ihr das Licht. Darüber hinaus tritt die Zaunwinde als Nährstoff- und Wasserkonkurrent für die Kulturpflanzen im Garten in Erscheinung.

Regel-Variation
»Bezaubern der Zaunwinde anmutige Blüten, kann der Hirte im Sonnenschein Schafe hüten.«

»Reckt die Ackerwinde ihre Blüten zum Sonnenlicht, mit schönem Wetter der Himmel nicht bricht.«

Ähnlich wie der Zaunwinde spricht man auch der Ackerwinde prophetische Gaben im Hinblick auf die Wetterentwicklung im Verlauf der nächsten Stunden zu. Im Falle bereits vorherrschenden freundlichen Wetters oder sich erst anbahnenden Schönwetters öffnen sich ihre Blüten morgens zwischen sieben und acht Uhr. Doch schon am selben Tag gegen ein und zwei Uhr nachmittags geht das Leben der duftenden, mit rosafarbenen Streifen versehenen oder gänzlich roten Trichterblüten zu Ende. Das bedeutet, dass die am Morgen neugeborenen Blüten am frühen Nachmittag bereits verblüht sind. Man sollte daraus nicht den Schluss ziehen, dass Wind und Regen nahen. Schließen sich die zwei bis drei Zentimeter weiten Blüten aber schon vor ihrem Absterbetermin, dann besteht tatsächlich die Gefahr einer **Wetterverschlechterung.**

Wie die Zaunwinde führt die auf Äckern, in Weinbergen, in Gärten, auf Schuttplätzen und

an Wegrändern anzutreffende Ackerwinde durch unterschiedlich starkes Wachstum der Flanken Suchbewegungen aus. So beschreiben ihre Triebspitzen in etwa 90 Minuten, dem **Uhrzeigersinn** entgegengesetzt, einen Kreis von mehreren Zentimetern Durchmesser. Diese Suchbewegungen führt die lockeren Lehmboden liebende Pflanze so lange kriechend aus, bis sie einen Gegenstand (zum Beispiel Baumstamm, Pfosten, Pfahl) findet, an dem sie sich in Linkswindungen hochranken kann. Die Ackerwinde gilt als lästiges Feld- und Gartenunkraut.

Regel-Variation
»Lockt die Ackerwinde Falter zur Bestäubung an, zieht Regen kaum bis zum Abend heran.«

Regel 57

Pflanzen als zuverlässige Wetterpropheten

»Wenn das Springkraut beginnt, seine Samen zu streuen, wird Frau Sonne gewiss uns morgen erfreuen.«

Für Kinder ist es ein wahres Vergnügen, wenn sie am Wegesrand ganze Kolonien dieser auch als »Rührmichnichtan« oder »Altweiberzorn« bekannten Pflanze zu Gesicht bekommen, deren Kapselfrüchte bei zunehmendem Sonnenschein und Zufuhr trockener Luft sehr schnell reifen. Bei Berührung der reifen Früchte schleudern diese über einen speziellen Mechanismus ihre Samen oft mehrere Meter weit von sich. Das **Rührmichnichtan** hat eine starke Konkurrenz durch das Indische Springkraut, auch Wupperorchidee genannt, bekommen, dessen Heimat am Fuße des Himalaja liegt.

Springkraut zählt zu den Saftdruckstreuern. Das Ausreifen der Früchte bei diesen Gewächsen zieht einen Anstieg des Zellsaftdrucks nach sich. Das wiederum bewirkt ein Anschwellen der Fruchtwände. Wird ein bestimmter Innendruck überschritten, platzen die Fruchtwände explosionsartig. Aufgrund der dabei freigesetzten Energie wird der Samen weit von der Mutterpflanze weg gestreut.

Neben dem Springkraut bedient sich in Mitteleuropa auch das Wiesenschaumkraut eines solchen **Schleudermechanismus.** Da in Perioden schlechten und regnerischen Wetters die Kapselfrüchte schlecht ausreifen, erfolgt eine Streuung der Samen in feuchten und kühlen Witterungsabschnitten nur in stark eingeschränktem Umfang. Erst wenn sich trockenere Luft durchsetzt und die Sonne länger scheint, was ein rasches Ausreifen der Kapselfrüchte zur Folge hat, setzt der »Schleuderbetrieb« des Springkrautes rasch ein. Da Hochdruckwetterlagen eine größere Erhaltungsneigung besitzen, kann man bei verstärkter Samenstreuung davon ausgehen, dass das freundliche Wetter auch tags darauf anhält. Insofern sollte man sich nicht scheuen, auch diese Regel bei einer Wettervorausschau ins Kalkül zu ziehen.

Übrigens tritt das oben erwähnte Indische Springkraut als sehr invasive Pflanze in Erscheinung, deren stark voranschreitende Verbreitung die Effektivität der Vermehrungsstrategie mittels

Regel-Variation

»Bei Sonnenschein hat's Springkraut viel Kraft, der Samen dann meterweite Sprünge schafft.«

Schleudermechanismus belegt. Eine Pflanze produziert 2000 bis 4000 Samen. Als einjähriges Gewächs vermag das Indische Springkraut innerhalb kürzester Zeit Wuchshöhen von mehr als zwei Metern zu erreichen. Ihre Blütezeit erstreckt sich vom Juni bis zum ersten Frost. Die purpurroten, rosa oder weißen, stark süßlich duftenden Blüten werden vor allem von Honigbienen aufgesucht. Der Nektar ist stark zuckerhaltig und wird reichlich produziert. Erwähnenswert ist auch der hochwertige, zuckerhaltige Pollen des Indischen Springkrautes, das 1839 nach England kam und später dann auch in anderen europäischen Ländern als Bienenfutterpflanze kultiviert wurde. Es besteht die Gefahr, dass das Indische Springkraut die standorttypische Vegetation hierzulande mehr und mehr verdrängt.

»Betört der Linde Blütenduft,
liegt Regenwetter in der Luft.«

Egal, ob es sich um Winterlinden, Silberlinden oder Sommerlinden handelt, bei schwülwarmem Wetter sondern die Blüten dieser 30 bis 40 Meter hoch werdenden Laubbäume besonders reichlich Nektar ab und die Blattläuse können somit verstärkt für Honigtau sorgen. Dadurch wirkt der Duft der Linden besonders betörend auf unsere Sinne. Aber die schwülwarme Luft deutet auf einen Wetterumschwung hin, der meist von Schauern und Gewittern eingeleitet wird. Auch die Bienen werden von dem starken, aber angenehmen Geruch der Lindenblüten magisch angezogen. Viel Sonnenschein, hohe **Luftfeuchtigkeit** und weit überdurchschnittliche Temperaturen sorgen dabei für einen sehr guten Honigertrag. Die Flugaktivität der Bienen hängt in erster Linie von der Temperatur und der Lichtintensität ab. Oft wird zur Lindenblütenzeit, im Juni und Juli, zwischen vier und sechs Uhr nachmittags die größte Flugaktivität der Bienen beobachtet.
Im Volksglauben galt die Linde als heiliger Baum und Wohnsitz der Göttin Freya, welche die Schutzherrin der weiblichen Gerechtigkeit verkörpert. Neben stärkerem Nektarfluss geben blühende Linden die Duftstoffe Farnesol, Geraniol und Eugenol ab. Diese steigen bei zunehmender Luftfeuchtigkeit ebenfalls intensiv sommerlich in die Nase. Verstärktem Geruch blühender Linden folgt tatsächlich meist eine Wetterverschlechterung. Insofern dürfen wir obiger Wetterregel durchaus vertrauen.

Regel-Variation
»Duften die Linden hinten im Garten, sind bald Regenwolken zu erwarten.«

»Gib gut auf den Storchschnabel acht im Garten, er sagt uns, welches Wetter wir erwarten.«

Bei einem flüchtigen Blick auf den Storchschnabel scheint dessen Bezeichnung zunächst unverständlich. Doch schaut man sich die Pflanze näher an, erklärt sich der Name aus der Gestalt des Fruchtstandes. Diese erinnert nämlich an den Kopf und Schnabel eines Storches oder Kranichs. Aus botanischer Sicht handelt es sich um eine Spaltfrucht. Diese spaltet sich bei Reife in fünf Fruchtfächer auf. Durch explosionsartiges Aufplatzen des austrocknenden Schnabels werden die Samen verbreitet. Dabei werden insbesondere beim Wald-Storchschnabel die Samen katapultartig bis zu einer Entfernung von drei Metern durch die Luft geschleudert.

Sowohl der Wiesen- als auch der Wald-Storchschnabel, aber auch andere, zum Teil kultivierte Storchschnabelarten stellen Pflanzen dar, die sich sehr gut als »natürliche Hygrometer« nutzen lassen. So drehen sich die Grannen an den Spitzen der hygroskopischen und länglichen Teilfrüchte bei Luftfeuchtigkeitszunahme im **Uhrzeigersinn,** bei abnehmender Luftfeuchte in entgegengesetzter Richtung. Das prädestiniert den Storchschnabel zu einem guten »Wetterpropheten«. Dieser Bauernregel kann man vertrauen, dürfte sie doch in den meisten Fällen gute Prognoseergebnisse liefern.

Regel-Variation

»Wenn des Storchschnabels Frucht sich wie der Uhrzeiger dreht, in der Nacht schlechtes Wetter vor uns steht; doch dreht sich die Frucht entgegengesetzt, kein Wölkchen den sternklaren Himmel verletzt.«

Pflanzen als zuverlässige Wetterpropheten

»Wenn der Fichte Zweigspitzen sich nach oben aufrichten,
sich am Himmel gewiss die Wolken verdichten,
bevor darauf Regen vom Himmel rinnt,
der Pflanzen und Erde befeuchtet geschwind.«

Fichten verbrauchen sehr viel Wasser. Wird nach einer längeren Trockenheit die verfügbare Feuchte im Boden immer geringer, so geraten die Bäume unter Trockenstress. Meist kommen dann noch Hitze- und Strahlungsstress hinzu. Während der Mensch sich unter diesen Wetterbedingungen eine kühle Limonade, Eiskaffee oder kalten Tee schmecken lässt, muss sich die Fichte mit dem spärlichen Wasser, das ihr durch die Wurzeln zugeführt wird, begnügen. Daher verschließt sie ihre Stomata (Spaltöffnungen), um die **Transpiration** zu drosseln, das heißt, um so wenig Wasser wie möglich an die Atmosphäre abzugeben.

Wie ein kranker oder erschöpfter Mensch Kopf und Gliedmaßen hängen lässt, so zeigen bei der Fichte die Zweigspitzen aufgrund des stark angespannten internen Wasserhaushalts ebenfalls nach unten. Naht nun eine Schlechtwetterfront, werden meist zunehmend feuchte Luft und damit mehr und mehr die Sonne verdeckende Wolken herangeführt. In feuchter Luft ist der atmosphärische **Verdunstungshunger** nur gering, sodass der Pflanze nun neben dem Strahlungsstress auch der enorme Stress genommen wird, Feuchtigkeit an die Luft abgeben zu müssen.

Da sich die Pflanze nun wohler fühlt, vermag sie ihre Zweigspitzen wieder aufzurichten, bevor sich regenbedingt das Bodenfeuchteangebot für die Fichte verbessert. Für viele Bewohner der sibirischen Taiga gelten noch heute die Fichte und der Wacholder als wichtige Wetterpropheten.

Die Eigenschaft der Fichtenzweige kann man nutzen, um sich ein Fichten-Hygrometer zu bauen. Dazu benötigt man einen entasteten, frischen Fichtenzweig. Mit dem dickeren Ende

Regel-Variation
»Der Fichtenzweig, der zeigt dir an,
mit welchem Wetter man rechnen
kann.«

nach oben wird der Zweig an einem vor Regen geschützten Ort an der Haus- oder Scheunenwand befestigt. In Abhängigkeit von der Luftfeuchtigkeit krümmt sich nun das dünnere Ende entweder nach links oder nach rechts. Zur Verschönerung kann man an der Wand noch eine senkrecht zum Astende orientierte Skala mit Wettersymbolen anbringen. Das Fichten-Hygrometer funktioniert auch noch, wenn das Holz bereits vertrocknet ist. Auch zusammengesetzte Holzbretter arbeiten bei Luftfeuchtigkeitsänderungen. Leider hat durch den Klimawandel die Bedrohung der heimischen Fichtenbestände stark zugenommen. Wegen der für die Fichten ungünstigeren Umweltbedingungen wird dem Borkenkäfer als gefürchtetem Waldschädling in Gestalt des »Buchdruckers« und »Kupferstechers« sein zerstörerisches Werk erleichtert, dem ganze Waldpartien zum Opfer fallen. So werden die durch die Zunahme von schweren Unwettern vorgeschädigten und geschwächten Bäume mit Vorliebe von Borkenkäfern befallen. Dann ist von einer Zusammenbruchswelle der Fichtenforste die Rede.

»Wenn der Ahorn Tränen weint,
die Sonne nicht mehr lange scheint;
dann rechne mit baldigem Regen,
der Pfützen füllt auf allen Wegen.«

Eine Reihe von Bäumen wie beispielsweise Ahorn, Rosskastanie, Espe und Erle kündigen Regenwetter schon Tage oder mehrere Stunden zuvor durch **Tränen** an den Blatträndern und Blattstielen an. Als Ursache dieses Phänomens kommt nur der Abbau überschüssigen Wassers infrage. Sind die hier angeführten Laubbaumarten bei zunehmender Luftfeuchtigkeit nicht mehr in der Lage, in ausreichendem Maße Wasser zu verdunsten, so scheiden sie das von den Wurzeln aufgenommene Wasser in Tropfenform ab. Da dieser Vorgang sich tagsüber nur bei Zufuhr von Luft mit einem hohen **Wasserdampfgehalt** vollzieht, die bei nahenden Niederschlägen einströmt, trifft die Regel den Nagel auf den Kopf. Die dabei abgegebenen Tröpfchen (Großpflanzenguttation) glitzern dann im Sonnenlicht, sofern nicht schon längst Wolken den Himmel bedecken.
Im zeitigen Frühjahr kann es bei verschiedenen Baumarten im Bereich von Rindenverletzungen oder an den aus Schnittmaßnahmen resultierenden Wunden auch zum Austritt von Wasser kommen. Das ist aber durch die im Frühjahr aufsteigenden Säfte bedingt. In diesem Falle sind Rückschlüsse auf bevorstehendes Regenwetter natürlich nicht möglich. Den Sommer über bieten die abgesonderten Tropfen unseren Singvögeln, aber auch Bienen und Hummeln, die Möglichkeit, ihren Durst zu löschen. Dass nach Einsetzen der herbstlichen Laubverfärbung als Folge der Einschränkung der Wasser- und Nährstoffzufuhr zu den Blättern Guttationsvorgänge nicht mehr stattfinden, leuchtet ein.

Regel-Variationen
»Wenn Ahorn- und Espenblätter ein Geschmeide tragen, kannst du tags drauf dich nur mit dem Schirm hinauswagen.«
»Glitzern Tränen am Ahornblatt im Sonnenlicht, an Regen in der Nacht es nicht gebricht.«

»Sind des Blauen Lattichs Blüten verschlossen,

hoff' auf Schönwetter unverdrossen;

doch öffnen sich des Lattichs Blüten,

musst du dich vor Nässe hüten.«

Pflanzliche Hygrometer reagieren mitunter in einer Art und Weise, wie man es eigentlich nicht erwartet. Schließen viele Gewächse wie beispielsweise Gänseblümchen, Löwenzahn, Gold- und Silberdistel ihre Blüten, so gibt es auch Pflanzen, die sich genau umgekehrt verhalten. Dazu zählen der Blaue Lattich, der Große Wiesenknopf und das Fünffingerkraut. Diese Pflanzen reduzieren tagsüber die Wasserabgabe an die Atmosphäre, indem sie durch Verkleinerung der verdunstungswirksamen Oberfläche ihre Blütenköpfe schließen. Nähert sich aber zunehmend feuchte Luft mit niederschlagsträchtigen Wolken, so breiten sich die Blütenköpfe förmlich breit aus, findet doch bei solchem Wetter keine nennenswerte

Verdunstung statt. Der Blaue Lattich zählt zu den Korbblütlern und blüht von Mai bis Juni. Ein ähnliches Phänomen lässt sich beim Blattapparat des Strandhafers wahrnehmen, der bei warmem und freundlichem Wetter seine Blätter einrollt. Wenn aber Regen naht, werden diese wieder mit voller Fläche zur Schau gestellt.

Regel-Variation
»Steh'n die Blüten des Blaulattichs offen, darfst du zunächst auf Schönwetter nicht hoffen.«

»Fließt im Spätherbst noch der Birkensaft, dann kriegt der Winter keine Kraft.«

Solange Saft fließt, ist der Boden im Wurzelbereich der Birke verhältnismäßig warm. Erst wenn eine bestimmte Temperaturschwelle unterschritten wird, stellt der Baum die Aufnahme von Wasser, in dem viele Nährstoffe gelöst sind, ein. Dann wird der Blattapparat nicht mehr versorgt und die Blätter verfärben sich, bevor sie vom Baum fallen. Das Fließen des Saftes hängt natürlich auch vom Feuchtigkeitsgehalt des Erdreichs ab, in dem die Birke wurzelt. Ist dieser sehr hoch, nimmt die Birke noch Wasser auf, zumal der weißstämmige Baum in raueren Gefilden zu Hause ist, was auch seine große Frosthärte erklärt.

Bevor die Blätter fallen, kommt es zunächst zu einem Abbau des in ihnen vorhandenen Chlorophylls. Es wird bei den verschiedenen Baumarten schneller abgebaut als die Carotinoidfarbstoffe. Da die gelbroten Carotinoide nicht mehr vom grünen Chlorophyll überdeckt werden, beschert uns die Natur ein wunderbares Farbenspiel.

Strömt in den Lebensadern der Birke im Spätherbst noch der Saft, hat dies meist seine Ursache in einem wolkenarmen und **sonnenscheinreichen November,** der sich durch überdurchschnittliche Tagestemperaturen auszeichnet. Die Sonne kann noch verhältnismäßig stark den Boden erwärmen und damit dem naturgegebenen Auskühlungsprozess entgegenwirken. Einem derartigen November folgt in sieben von zehn Jahren ein überdurchschnittlich warmer Januar. Fällt dann auch noch das erste Dezemberdrittel zu mild aus, sodass weiterhin Saftbewegungen in der Birke erfolgen, ist die Wahrscheinlichkeit eines milden Hochwinters noch größer. Wirft die Birke im Spätherbst ihre Blätter ab, weist das darauf hin, dass der Baum die Wasserlieferung zum Blattwerk infolge schon sehr niedriger Bodentemperaturen eingestellt oder reduziert hat.

Die meist **flachwurzelnde Birke,** die in

Regel-Variationen

»Kann Nikolaus (06.12.) noch Birkensaft zapfen, um guten Birkenwein zu trinken, brauchst du durch Schnee im Eismond (Januar) nicht stapfen, da milde Luft statt Hochwinter winken.«

»Findest du die Birke ohne Saft, kommt bald der Winter mit voller Kraft.«

Mitteleuropa wohl am häufigsten durch die Arten Hängebirke und Moorbirke vertreten ist, galt bei unseren Altvorderen als ein heiliger Baum und Frühlingsbaum, welcher der Göttin Freya geweiht war. Von der Hängebirke existieren zahlreiche Gartenformen wie die Trauerbirke, Blutbirke und Schlitzblättrige Birke. Das Wurzelsystem der Birke, dessen Ausbildung stark auf das Wasser- und Nährstoffangebot reagiert, entwickelt im Falle verdichteten Bodens, bei Basenarmut und bei älteren Bäumen zahlreiche Senker. Der Hauptwurzelhorizont der anmutigen Birke liegt im Bereich von 50 bis 60 Zentimeter Bodentiefe. Dessen ungeachtet dringen einzelne Wurzeln bis in eine Tiefe von 120 Zentimeter vor. Horizontal erstreckt sich die Hauptwurzelzone in einem Radius von drei bis vier Metern um den Birkenstamm.

Aus der geringen Tiefe des Hauptwurzelhorizonts erklärt sich im Falle sonnigen und warmen Spätherbstwetters und der damit verbundenen raschen **Bodendurchwärmung** die längere Feuchte- und Nährstoffnachlieferung über die Wurzeln in das Birkenholz. Kalte Witterung im Spätherbst und in den Wochen zuvor führt dann allerdings auch zu einer raschen Einstellung der Wurzelfunktionen. Übrigens wird der Saft der Birke noch heute für die Herstellung von Birkenwein genutzt, der wichtige Stoffe für die Gesundheit enthält. Übrigens stellt die weiße Rinde der Birke eine Anpassung an sehr niedrige Temperaturen dar.

Wetterfrosch und Ameisenkompass – Wetterregeln, welche die Tierwelt schreibt

Kaum ein anderes Betätigungsfeld ist so von atmosphärischen Einflüssen abhängig wie das der Landwirtschaft. Heute informiert sich der Bauer mittels Zeitung, Fernseher und Internet über das zu erwartende Wetter. Früher war er auf eine genaue Beobachtung der Natur angewiesen. Auch in der Tierwelt gibt es – neben dem berühmten Wetterfrosch – hilfreiche Wetterpropheten.

»Wenn die Amseln laut flöten nach langem Schweigen, wollen sie Sturm und Regen anzeigen.«

»Mit edeln Purpurröten und hellem Amselschlag, mit Rosen und mit Flöten stolziert der junge Tag.«, dichtete C. F. Meyer (1825–1898) in seinem Morgenlied. Tatsächlich erfreut der schmelzende Gesang eines Amselhahnes auf Antennen, Dach- oder Baumspitzen viele Menschen. Den wenigsten wird aber bekannt sein, dass die Amsel als **Regenvogel** gilt. Flötet sie im Frühjahr übertrieben laut, ist das ein untrügliches Zeichen für das Bevorstehen feuchten und milden Wetters. Ist im Sommer statt am Morgen und Abend der Amselgesang zu einer ungewöhnlichen Tageszeit besonders grell zu hören, tut man gut daran, Gewitter und länger anhaltendes Schlechtwetter ins Kalkül zu ziehen. Das Verhalten der meisten Singvogelarten richtet sich nicht nur nach der Tageslänge, sondern wird auch durch Temperatur, Luftfeuchtigkeit und Druckschwankungen geprägt. Eine entscheidende Rolle spielt auch das **Sonnenlicht**, dessen spektrale Zusammensetzung und Helligkeit sich vor markanten Wetterumschwüngen ändern. Auf derartige Änderungen reagiert die Amsel in ihrem Gesang. Mit ihren »Regenrufen« machen auch andere Vogelarten wie Pirol, Buchfink, Regenpfeifer und Krähe auf eine nahende Wetterverschlechterung aufmerksam. Es lohnt sich daher, auf die gefiederten Gesellen zu hören.

Regel-Variationen

»Wenn die Finken vor Sonnenaufgang singen, wird der Tag wohl Regen bringen.«

»Wenn die Pirole Spektakel machen, wird nicht mehr lang die Sonne lachen, dann ziehen bald dunkle Wolken auf, Gewitter folgt und Regen drauf.«

»Fliegen die Schwalben in den Höh'n, kommt ein Wetter, das ist schön.«

Bei sonnigem Hochdruckwetter gelangen mit Thermikblasen die Futterinsekten der Schwalben in höhere Luftschichten. An Tagen mit wenig Sonnenschein oder gar bei trübem und regnerischem Wetter ist die Thermik nur schwach oder gar nicht ausgeprägt. Bei schönem Wetter folgen also die kleinen Flugkünstler ihrer Beute in luftige Höhen. Bei sich abzeichnender Wetterverschlechterung, also aufkommendem Regen und Wind, halten sich die **Futterinsekten** mangels Thermik in Bodennähe auf. Oft suchen Mücken und Fliegen dann die Blätter niedrig wachsender Pflanzen auf. Genau dort wird man auch unsere hungrigen Schwalben finden.

Regel-Variationen
»Wenn die Schwalben hoch am Himmel kreisen, sie weiter auf schönes Wetter hinweisen, doch fliegen sie am Boden tief, dann hängt der Wettersegen schief.«
»Wenn die Schwalben höher fliegen, werden wir schönes Wetter kriegen.«
»Wenn die Schwalben niedrig jagen, wird uns bald Schlechtwetter plagen.«

Auf Weideflächen sieht man die Schwalben, die als Zugvögel von April bis Oktober in Mitteleuropa weilen und zwei- bis dreimal pro Jahr vier bis sechs Eier bebrüten, oft knapp über dem Boden pfeilschnell zwischen weidenden Rindern hin und her fliegen, da die Kühe die sich versteckenden Insekten immer wieder beim Fressen aufscheuchen.
Frühe Kälteeinbrüche während des Rückfluges der Schwalben in ihre südlich gelegenen Winterquartiere können, wie Ende September 1931 im Raum Wien geschehen, für die Tiere in einer Katastrophe enden.

»Wenn die Mücke stechen tut, tut bald Gewitterfrische gut.«

Wer hat nicht schon bei drückender Schwüle über diese Plagegeister gestöhnt? Die stechfreudigen Blutsauger bereiten immer mehr Allergikern Probleme. Das Immunsystem vieler Menschen reagiert auf die im Mückenspeichel enthaltenen Eiweiße in unerwünschter Weise. Immerhin lassen sich Symptome wie Kopfschmerzen, Erbrechen, Durchfall und Kreislaufprobleme nach Mückenstichen nicht ausschließen. Auch Nichtallergiker haben unter den juckenden Quaddeln zu leiden.

Treten Mücken, Fliegen und Bremsen besonders lästig in Erscheinung, dann weist deren Verhalten auf eine bevorstehende **Wetterverschlechterung** hin. So geraten in der schwülen Atmosphäre oft schon Stunden vor einem Gewitter die Menschen, aber auch viele Tiere ins Schwitzen. Durch die langsam aufkommende Luftbewegung verbreitet sich deren Schweißgeruch. Dieser wirkt wie ein Lockmittel auf die stechlustigen Insekten, die sich bei nahendem Schlechtwetter ohnehin in Bodennähe aufhalten. Unser **Körpergeruch** zieht praktisch die Mücken an.

Dass der eine oder andere von uns mehr oder weniger von den Mücken attackiert wird, hängt nicht von der Süße des Blutes ab, wie viele glauben, sondern von den Substanzen, die über den Schweiß aus dem Körper gelangen. Zu den Lockstoffen, die besonders anziehend auf die Blutsauger wirken, gehören Milchsäure, Buttersäure und Aminosäuren.

Was die Stechmücken anbetrifft, deren Schwarmzeit hierzulande im Monat Mai beginnt, lassen sich vier Gattungen unterscheiden: Waldmücken, Wiesenmücken, Fiebermücken und Hausmücken. Letztere legen ihre Eier in kahnförmigen Paketen, sogenannten Eierschiffchen, ab. Dass der Aktivität der Mücken eine große Aufmerksamkeit in den Bauernregeln zuteil wird, kommt nicht von ungefähr. An der Treffsicherheit obiger Regel werden höchstens Ignoranten zweifeln.

Regel-Variationen

»Lässt Apollinaris (23.07.) Blitze zucken, dann oft auch Mückenstiche jucken.«

»Wenn zwischen Kettenfeier (01.08.) und Lorenz (10.08.) Sonne und Mücken stechen, will dies Blitz und Donner dem Bauer versprechen.«

»Wenn die Fliegen und Flöhe beißen, tut das Regen bald verheißen.«

»Wenn abends die Katzen sich öfters lecken, wird morgen uns Frau Sonne wecken.«

Hauskatzen erweisen sich als gute Wetterpropheten. Bei Hochdruckwetterlagen, die normalerweise eine größere Erhaltungsneigung besitzen, ist die relative Luftfeuchte meist niedrig, sodass sich die Haare der Katze **elektrisch aufladen** können, wenn das Tier andere Gegenstände berührt. Die Stubentiger schmiegen sich ja bekanntlich oft und gern an Stuhl- bzw. Tischbeinen, Türpfosten oder Hauswänden. Es kommt zu einer elektrischen Ladungstrennung durch Reibung. Die Katzenhaare verlieren nämlich leicht Elektronen, was dazu führt, dass die Katze eine positive Ladung aufweist. Das heißt, dass das Katzenfell, das als Isolator wirkt, eine geringere Elektronenaffinität besitzt als die Materialien, an denen sich die Katze reibt, und somit auf ihm positive Ionen zurückbleiben. Leckt sich das Tier sehr häufig, so erhöht sich die **Leitfähigkeit** des Fells. Dadurch kann die für die Katze unangenehme Ladung, die sich aufgebaut hat, besser abfließen. Im Falle hoher Luftfeuchtigkeit findet dagegen fast keine elektrostatische Aufladung des Katzenfells statt. Daher hält sich das Lecken der Katze bei Zufuhr feuchter Luft in einem normalen Rahmen und erfolgt nur zu Reinigungszwecken.

Regel-Variationen

»Wenn der Bauer vor leckenden Katzen steht, bevor die Sonne untergeht, dann zieht er am Morgen auf sein Feld, ist doch Gutwetter für ihn bestellt.«

»Schleckt am Abend die Katze sich oft übers Fell, naht schlechtes Wetter nicht so schnell.«

Regel 68

Wetterregeln, welche die Tierwelt schreibt

»Zeigt das Wetter um Johanni sich schön,
kannst Glühwürmchen du Hochzeit feiern seh'n;
doch fällt viel Regen auf dein Haus,
halten wie du im Stillen sie aus.«

Unmittelbar vor dem Johannistag besteht vom 15. bis 23. Juni eine Neigung zu sommerlichen Hochdruckwetterlagen. Dabei kann man in den Abendstunden mitunter **Glühwürmchen** – auch unter dem Namen »Sonnenwendkäfer« oder »Johanniskäfer« bekannt – sehen. Nach Einbruch der Dunkelheit, wenn der Wind »einschläft«, erfreut ihr funkelnder Reigen den von hektischem Berufsleben gestressten Betrachter. Man kann ihren Tanz im eigenen Garten, an Wald- und Feldrändern, an Hecken sowie über Wildblumen-Wiesen beobachten. Die kleinen Leuchtkäfer, von denen übrigens nur die Männchen fliegen können, feiern in der zweiten Junihälfte Hochzeit und zeigen sich nur bei windschwachem, trockenem und warmem Hochdruckwetter. Sie produzieren in ihrem Körper den Stoff Luciferin, besitzen somit die Fähigkeit zur **Biolumineszenz,** die das der Partnersuche dienende Leuchten ermöglicht. Die dabei freigesetzte Energie wird nur zu einem kleinen Teil in Wärme umgewandelt, sodass man mit Fug und Recht von einem kalten Leuchten sprechen kann. Keine industriell gefertigte Lichtquelle besitzt einen derart hohen Wirkungsgrad von bis zu 95 Prozent.

Regel-Variationen

»Wenn die Sonnenwendkäfer abends nicht leuchten, wird Regen bald die Wiesen befeuchten.«

»Wenn die Johanniswürmer glänzen, darfst du richten deine Sensen.«

»Leuchten die Glühwürmchen im Garten, darfst schönes Wetter du erwarten.«

»Glüh'n Johanniswürmchen helle, schöner Juni ist zur Stelle.«

»Wenn sich die Glühwürmchen verstecken, wird Regen in der Früh' dich wecken.«

Glühwürmchen werden als Wetterpropheten geschätzt. Häufig hat gutes Wetter, vor allem in stärker kontinental geprägten Regionen, eine große Erhaltungsneigung, was die hohe Trefferquote eines großen Teiles der Glühwürmchen-Wetterregeln erklärt. Die Flugintensität der kleinen Leuchtkäfer lässt in der zweiten Nachthälfte in der Regel nach, da die Luft dann kühler ist und sich bis zum Morgen weiter abkühlt. Außerdem wird es durch die Taubildung relativ feucht, was nicht so sehr den von ihnen bevorzugten Lebens- und Umweltbedingungen entspricht. Beim Nahen von Kälte, Wind und Regen bringenden Fronten stellen die Käfer ihren Flugverkehr gänzlich ein. In Regionen mit intensiver landwirtschaftlicher Nutzung sind die kleinen **»Energiesparlampen«** leider auf dem Rückzug. Dünger und Pestizide haben sie verjagt. Schade, denn der abendliche Tanz der Glühwürmchen über einer Blumenwiese kann bei einem Gläschen Wein zu einem romantischen, unvergesslichen Erlebnis werden. Glühwürmchen erfreuen uns etwa bis Mariä Heimsuchung am 2. Juli.

»Dreht die Kuh mit dem Schwanz sich von Osten nach Westen, entwickelt das Wetter sich nicht zum Besten.«

Hinter dieser Regel steckt viel Wahrheit. Oft sieht man weidende Rinder mit gleicher Richtungsorientierung auf einer Koppel stehen. Das hat seinen Grund. Instinktiv stellen sich die Tiere beim Fressen und Wiederkäuen mit dem Schwanz in die Richtung, aus welcher der Wind weht. Auch Rehe und andere Wildtiere verhalten sich bei ihrer Nahrungsaufnahme ähnlich, vorausgesetzt, der Wind weht nicht zu schwach.

Eventuelle Raubtiere oder auch Jäger nähern sich in der Regel gegen den Wind, damit die vermeintliche Beute keine Witterung aufnehmen kann, das heißt nichts hört oder riecht. Um einen Feind besser sehen zu können, stellen sich die Wildtiere und natürlich auch die Rinder so auf, dass sie mit dem Hinterteil in Windrichtung stehen.

Ostwinde führen meist trockene, kontinentale Luftmassen heran, während **Westwinde** überwiegend feuchte und wolkenreiche Luft transportieren, in der sich häufig Niederschläge ausbilden. Erfolgt eine Winddrehung von Ost nach West, ist mit relativ großer Wahrscheinlichkeit mit einer Wetterverschlechterung zu rechnen. Führen die Kühe dementsprechend ebenfalls eine Drehung um 180 Grad aus und stehen mit dem Schwanz Richtung Westen, erweisen sie sich als Schlechtwetterboten. Bei einem längeren Landaufenthalt während der Urlaubszeit besteht Gelegenheit, das windabhängige Verhalten der Tiere zu beobachten.

Regel-Variation
»Wenn die Kuh nach dem Westen schaut, der Bauer auf freundliches Wetter baut; doch schaut die Kuh nach dem Osten, fällt bald Regen auf Dächer, Zaun und Pfosten.«

»Wenn die Ameisen in ihre Hügel verschwinden, wird sich in Kürze Regen einfinden.«

Nahe der Ortschaft Seefeld in Tirol soll es einen Berg geben, auf dem es von Ameisenhaufen wimmelt. Mädchen von dort bestritten früher ihren Lebensunterhalt mit dem Sammeln von Ameiseneiern und Ameisenlarven und deren Verkauf an Vogelzüchter und -händler in der Stadt Innsbruck. Dass die kleinen Staaten bildenden Insekten sich sehr liebevoll um ihren Nachwuchs kümmern, steht außer Frage. Jeder kann sich bei sonnenscheinreichem Wetter davon überzeugen. Aber auch bei bevorstehendem Regen sind sie rührend um ihre Brut bemüht und versuchen, sie so schnell wie möglich in Sicherheit, sprich ins Innere des Ameisenhügels, zu bringen.

Mit Tausenden von Sinneszellen auf ihren Fühlern reagieren sie auf geringfügige Änderungen ihrer Umwelt sehr sensibel. Während Menschen auf Wanderungen sich eines Kompasses bedienen, der das Magnetfeld der Erde nutzt, besitzen Ameisen einen **Kompass,** der sich am Polarisationsmuster des Himmels orientiert. Das von der Sonne zur Erde abgestrahlte Licht ist nicht polarisiert. Erst auf dem Weg durch die Erdatmosphäre erfolgt eine Polarisierung, sofern nicht starke Wolkenfelder den Himmel bedecken. Dichte Bewölkung zieht eine völlige Depolarisierung der Strahlen nach sich. Der Kompass der Ameise funktioniert dann nicht mehr. Sie ziehen sich daher samt ihrer Brut in den Ameisenhügel zurück und verlassen diesen nur ungern. Hinzu kommt, dass die mit Geruchsstoffen markierten Ameisenwege, die das Finden des Baus oder der Nahrungsquelle erleichtern, bei reichlich Regen durch das Abwaschen der Duftstoffe zerstört werden. Dennoch sollte man die Fähigkeiten von Ameisen, die man zur Erdbebenvorhersage zu nutzen gedenkt, nicht anzweifeln.

Regel-Variationen

»Suchen die Ameisen unruhig und planlos ihren Bau, stiehlt baldiger Regen der Sonne die Schau.«

»Siehst du die Ameisen ihre Brut liebevoll ins Freie tragen, kannst schirmlos du dich aus dem Hause wagen; doch laufen unruhig sie und suchend, um ihren Bau zu finden, wird's bald regnen und auch kräftig winden.«

»Bleiben morgens die Bienen in der Beute
oder zieh'n sich tagsüber in diese zurück,
dann gibt's kühle Nässe wahrscheinlich heute,
versuch statt im Freien zu Hause dein Glück.«

Wie Hummeln und Hornissen sind Bienen im wahrsten Sinne des Wortes Sonnenkinder. Insbesondere im Frühjahr benötigen sie die wärmenden Strahlen der Sonne. Damit die fleißigen Bienen ihrer Tätigkeit, dem Nektar- und Pollensammeln, nachgehen können und nicht unmittelbar nach dem Start aus dem wärmenden Stock (Beute) ihren Flug wegen der Gefahr einer Unterkühlung abbrechen müssen, sollte ihre **Flugmuskulatur** eine Temperatur von wenigstens acht bis zehn Grad aufweisen. Solange sich die Immen im Stock befinden, lässt Kälte sie kalt. Bei nahendem Regen oder einem bevorstehenden größeren Temperaturrückgang bleiben sie lieber in der warmen Stube. Was im Übrigen auch für manchen Imker gilt.

Die von den Bienen bis zu einer einträglichen Honigquelle zurückgelegten Entfernungen hängen in starkem Maße vom Wetter ab bzw. von dem aus dem Wetter resultierenden **Nektarangebot.** Eine Reihe von Pflanzen verschließen nämlich bei einer sich abzeichnenden Wetterverschlechterung ihre Blüten. Die Bienen starten dann bestenfalls zu kurzen Erkundungsflügen in die nähere Umgebung des Stockes. Da die Bienen sich offenbar verständigen können – ihre Sprache äußert sich in tänzelnden Bewegungen im Stock –, unterlassen sie die wenig lohnenswerten Flüge: Bloß keine unnötige Energie verschwenden! Sie folgen der Prämisse eines günstigen Aufwand-Nutzen-Verhältnisses. Schließlich müssen auch die Eisheiligen, laut Kalender die Tage vom 11. bis 15. Mai, und die Schafskälte im Juni optimal und ohne größere Verluste überstanden werden.

Regel-Variationen

»Kommen die Bienen nicht heraus,
ist's mit dem schönen Wetter aus.«

»Entfernen sich die Bienen nicht weit
von der Beute, erwarten Schlechtwetter
Land und Leute.«

Auch eine Zunahme der Windgeschwindigkeit, wie sie bei Annäherung von Tiefdruckgebieten zu beobachten ist, führt zu einer Verringerung der **Flugaktivität.** Ist warmes und sonnenscheinreiches Wetter in Aussicht, was meist sich öffnende Blüten zur Folge hat, dann gehen die **Sammelbienen** auf Honig- und Pollensuche. Dabei entfernen sie sich bis zu sieben Kilometer und mehr von ihrem Stock, um Haselnusssträucher, Salweiden, Löwenzahn, Obstplantagen, Raps-, Rotklee- und Luzernefelder und viele weitere lockende Ziele aufzusuchen. Von besonderem Wert sind auch bunte Blumenwiesen mit Glockenblumen, Schafgarben, Margeriten, Wegwarten und vielen mehr. In unseren Gärten kann man bei schönem Wetter die Bienen in großer Zahl an blühenden Lavendelbüschen oder an den Kokardenblumen beobachten. Die oben angeführte Regel ist durchaus verlässlich, denn es existieren nur wenige Bienenarten, die auch bei schlechtem Wetter unterwegs sind.

»Geht der Fisch nicht an die Angel, ist an Regen bald kein Mangel.«

Auch Fische können Auskunft über das Wetter der kommenden Stunden und Tage geben. So reagiert das über eine **Schwimmblase** verfügende Schuppenwild wie Karpfen, Schleie, Plötze, Blei, Rotfeder und Karausche und andere ausgesprochen sensibel auf Änderungen des Luftdruckes und damit auf bevorstehende Wetterveränderungen. Nähert sich ein Tiefdruckgebiet mit Regen und nimmt dabei der Luftdruck um beispielsweise 40 Hektopascal ab, so könnte der Fisch dies ausgleichen, indem er 40 Zentimeter tiefer im Wasser schwimmt. Mit anderen Worten: Will der Fisch den Druck, der vor Annäherung des Tiefs und somit bei Hochdruckwetter auf seinem Körper lastete, wiederherstellen, kann er das nur durch Änderung seiner eigenen **Tauchtiefe.**

Das Problem für den Fisch, will er sich nicht in tiefere Schichten des Gewässers zurückziehen, ist dabei dessen gasgefüllte Schwimmblase. Ein mit Gas gefüllter Luftballon dehnt sich bei Verringerung des Außendrucks aus. Das Volumen des Ballons nimmt zu. Das passiert auch bei der Schwimmblase. Da diese dann auf die Eingeweide des Fisches drückt, bekommt er im wahrsten Sinne des Wortes Bauchschmerzen. Der Innendruck der Schwimmblase lässt sich aber nicht in kurzer Zeit, sondern nur durch länger währende Gasdiffusion regulieren. Eine rasche Luftdruckabnahme wirkt sich somit auf das Wohlbefinden der Schuppenträger und damit auch auf deren Appetit aus. Haben Angler nun hoffnungsvoll ihren Köder ausgeworfen, kann es gut sein, dass es den Fischen den Appetit verschlagen hat und sie nicht anbeißen.

Regel-Variation

»Will der Fisch nicht richtig beißen, wird's Regen ganz sicher verheißen.«

»Wollen viel Luft die Schlammpeitzger schlucken,

werden bald Blitze vom Himmel zucken.«

Ein kleiner, vielen Menschen gar nicht bekannter Fisch, der die Bauern bei der Feldarbeit vor Unwettern warnte und das Signal gab, sich in Sicherheit zu bringen, stellt der Schlammpeitzger dar. Er lebt auf dem Grund von kleinen stehenden oder langsam fließenden, schlammigen bis sandigen, meist sauerstoffarmen Gewässern. Dazu gehören unter anderem auch Gräben, die der Entwässerung von Ackerflächen, von feuchten Wiesen sowie von Sumpf- oder Moorgebieten dienen. Letztere führen mitunter sehr saures Wasser.

Der in Europa von Frankreich bis Russland vorkommende Schlammpeitzger buddelt sich tagsüber bis zu 30 Zentimeter tief in das Bodensediment des Gewässers ein. Normalerweise verlässt er erst in der Dunkelheit sein dortiges Versteck, um auf Nahrungssuche zu gehen. Anders bei brütender Hitze, bevor sich ein Unwetter in Gestalt eines schweren Gewitters einstellt. Da schießt er unruhig durchs Wasser und steigt dabei häufig an die Wasseroberfläche. Die Ursache dieses Verhaltens liegt im **Sauerstoffmangel** der meist durch organische Stoffe stark belasteten Kleingewässer begründet. Dieser ist besonders groß vor Sommergewittern, wenn drückende Schwüle herrscht und sich auch das Wasser der Kleingewässer aufgeheizt hat. Reicht der mit den Kiemen aufgenommene Sauerstoff nicht aus, so »schluckt« der Schlammpeitzger an der Wasseroberfläche Luft. Im Darm wird der Luft dann der Sauerstoff entzogen.

Übrigens setzt der Schlammpeitzger seine **Darmatmung** auch ein, wenn das Gewässer austrocknet. Die Trockenheit vermag er dadurch zu überstehen, dass er sich bis zu 70 Zentimeter tief in den Schlamm eingräbt. Dessen ungeachtet hat er der Darmatmung und seinem daraus resultierenden Verhalten im Wasser die Bezeichnungen »Wetterfisch« und **»Gewitterfisch«** zu verdanken. Mitunter wurde der Schlammpeitzger auch als Aquarienfisch gehalten, weil er durch sein unruhiges Verhalten nahende Gewitter anzeigte. Der Regel sollte man tunlichst glauben und umgehend den Weg nach Hause antreten.

Regel-Variation

»Schießt der Schlammpeitzger
wie ein Pfeil umher,
drohen Gewitter und Sturmwind
schwer.«

»Frösche auf Stegen und Wegen deuten auf baldigen Regen.«

Kennen Sie die Fabel vom tauben Frosch? Dieser beteiligte sich an einem Wettlauf mit seinen Artgenossen. Ziel war der höchste Punkt eines großen Turmes. Während die meisten Zuschauer ihre Lieblinge zunächst anfeuerten, mehrten sich aber pessimistische Rufe. Grundtenor: »Die Ärmsten schaffen das nie.« Immer mehr Frösche gaben das scheinbar unmögliche Unterfangen auf. Nur einer behielt das fast aussichtslose Ziel im Auge und schaffte es. Als ihn ein Rivale fragte, wie er das denn angestellt habe, stellte sich heraus, dass er taub war und die pessimistischen Bemerkungen der zuschauenden Frösche nicht hören konnte.

Egal, ob taub oder nicht, der heimische Laubfrosch gilt als hervorragender **Kletterer.** Während er in der Natur tagsüber bei freundlichem Wetter erhöhte Sitzwarten bevorzugt und dabei auf Flug- und Laufinsekten Jagd macht, hält er sich nachts bei der Nahrungssuche mehr in Bodennähe auf. Mitunter wird gesagt, dass er ein inneres Barometer besäße, mit dem er einen Anstieg des Luftdruckes wahrnehmen könne. Durchaus verständlich, denn bei steigendem Luftdruck klettert das Tier tagsüber in Bäumen und Büschen nach oben, hält sich doch bei Schönwetter dort noch am ehesten seine Nahrung in Gestalt von Insekten auf. Fällt dagegen der Luftdruck und kommt Wind auf, verlässt der Laubfrosch seinen erhöhten Aufenthaltsort und begibt sich, wie auch viele Insekten, zu Boden.

Im großen Gurkenglas mit Holzleiter wird er seiner Bestimmung als **»Wetterfrosch«** nicht nachkommen können. Wen wundert dies, sind doch die Lebensbedingungen für das Tier in diesem Gefängnis alles andere als ideal. Warum sollte er sich ohne das entsprechende Futterangebot anstrengen und nach oben klettern? Dem Spruch »Sitzt hoch der Frosch auf der Leiter, geht's mit schönem Wetter weiter« sollte man darum besser nicht trauen.

Regel-Variationen

»Lassen die Frösche sich hören mit Knarren, wirst du nicht lange auf Regen harren.«

»Verlässt der Frosch seinen Teich, wird das Wetter regenreich«.

Für viele Frösche ist Wasser ein lebensnotwendiges Element, zumal sie selbst zu 70 bis 80 Prozent aus Wasser bestehen. Daher sind sie auch bestrebt, Körperwasserverluste durch Verdunstung so weit wie möglich einzuschränken. So werden insbesondere **Teich- und Seefrösche** bei sich einstellendem trockenem Wetter den Aufenthalt im Gewässer einem Landgang vorziehen. Deutet sich jedoch ein Umschwung zu regnerischem Wetter an, können sie das kühle Nass verlassen, ohne einen körpereigenen Wasserverlust zu riskieren. Dann zeigen sie sich uns überall auf Wegen und Stegen. Fängt es nun tatsächlich für längere Zeit zu regnen an, entfernen sie sich oft verhältnismäßig weit von ihrem Heimatgewässer, wahrscheinlich um neue Lebensräume zu erkunden. Die Regel funktioniert gut, wenn wir diese auf Wasser- und Teichfrösche beziehen.

»Wenn die Möwen zum Land hinfliegen, werden wir Sturmwetter kriegen.«

An den Küsten gilt die Möwe als ein verlässlicher Wetterbote. Über sie schrieb Theodor Storm (1817–1888): »Ans Haff nun fliegt die Möwe, und Dämmerung bricht herein; über die feuchten Watten spiegelt der Abendschein.« Dieses ruhige und beschauliche Küstenszenario wird, wenn sich kräftige **Sturm- oder Orkantiefs** nähern, oft nur wenige Stunden später durch einen furiosen Kampf der Naturgewalten ersetzt.

Bevor der Sturm mit brachialer Gewalt tobt und sich die Meereswellen hoch auftürmen und krachend, saugend und schmatzend von der ungestümen Kraft des Wassers zeugen, sieht man oft Scharen von Möwen auf Sandbänken oder Buhnen erschöpft rasten. Ihnen fällt offensichtlich bei sinkendem Luftdruck und damit dünnerer Luft sowie weitgehend fehlenden Aufwinden über dem Meer das Fliegen schwerer. Um der bevorstehenden Auseinandersetzung der Elemente zu entgehen, suchen sie das Festland auf, wo infolge der Reibung am Boden geringere Windgeschwindigkeiten als über dem offenen Meer zu erwarten sind.

Wer sich jetzt noch im oder am Wasser aufhält, sollte sich schleunigst die Möwen zum Vorbild nehmen und ebenfalls schnell Schutz suchen. In der warmen Stube hinter dem Fenster lässt sich das Naturschauspiel dann wunderbar beobachten.

Regel-Variation
»Wenn die Möwen ins Land von
der Küste weg zieh'n,
sie erschöpft vor nahendem Unwetter
flieh'n.«

»Wenn die Schafe auf der Weide ihre Köpfe aneinanderschmiegen,

werden in Kürze Gewitter oder Regen wir kriegen.«

In erster Linie wird das Wolle spendende Tier mit der Schafskälte um den 15. Juni in Verbindung gebracht wird, in der mit nordwestlichen Winden feuchte und kühle Meeresluft zu uns gelangt. Doch auch einige Wettersprüche drehen sich um das Schaf. Die oben angeführte Bauernregel kann sich in Bezug auf ihre Trefferquote allerdings nicht mit der Eintrittswahrscheinlichkeit der Schafskälte, die bei 89 Prozent liegt und die den zu dieser Zeit frisch geschorenen Tieren arg zu schaffen macht, messen. Dennoch lässt sie sich nicht von der Hand weisen, auch wenn das Schaf natürlich nur indirekt als Wetterprophet fungiert.

Vor allem bei schwülem Hochsommerwetter pflegen **Mücken und Bremsen** sehr lästig zu werden. Sie attackieren nicht nur die Menschen, sondern auch die Tiere. Bei den Schafen ist im Juli und August, also einige Wochen nach der Schur, das Fell schon wieder nachgewachsen. Doch die wuschelige Behaarung ist nicht das Ziel der Angriffe der aggressiven Stechinsekten, sondern die kurzhaarige, ungeschützte Kopfpartie. Durch das Zusammenstecken oder besser Anschmiegen der Köpfe wird den Stech- und Sauginsekten ein Teil der Angriffsfläche genommen. Darüber hinaus werden durch die Abwehrbewegungen eines Tieres auch die auf den Köpfen der anderen Tiere sitzenden Plagegeister verjagt. **Effektive Arbeitsteilung** kann man da nur sagen.

Regel-Variation
»Stecken weidende Schafe ihre Häupter zusammen,
wird Regen mit Blitz und Donner die Wege verschlammen.«

»Wenn die Spinnen fleißig weben im Freien,
lässt schönes Wetter sich prophezeien,
weben sie nicht, wird's Wetter sich wenden,
geschieht's bei Regen, wird er bald enden.«

Diese gleich mehrere Aussagen treffende Bauernregel eignet sich vorzüglich für eine Wetterprognose. Schon Plinius wusste, dass Spinnen sich als Wetterpropheten eignen. So geben die kleinen Achtfüßler mit dem Weben ihrer Netze eindeutige Hinweise auf den Fortbestand freundlichen Wetters oder auf kommendes schönes Wetter. Fertigt die Spinne dagegen nur kleine Netze oder gar keine, steht ein Wetterumschwung mit Regen und stärkerem Wind bevor.

Mit dem Nahen eines Tiefs oder dessen Ausläufern wird die herantransportierte Luft zunehmend feuchter. Nun vermag der in den Fangnetzen der Spinne verwobene Faden, auch als **Spinnenseide** bekannt, sehr effizient Wasser zu »sammeln«. Er kann der Luft hervorragend Feuchtigkeit entziehen. Die hydrophile Eigenschaft der Spinnenseide, die, bezogen auf ihr Gewicht, um das Vierfache belastbarer als Stahl ist, beruht auf deren Mikrostruktur. So wechseln sich am Spinnenfaden zur Kondensation bestimmte Abschnitte mit Wasser sammelnden Abschnitten ab.

Die Spinnenseide, die sich um das Dreifache ihrer Länge dehnen lässt, gilt trotz ihres Wasseraufnahmevermögens, das mit dem von Wolle zu vergleichen ist, als wasserfest. Offenbar vermag die Spinne, die ja in der Lage ist, ihre eigenen Spinnfäden zu fressen, festzustellen, wie wasserhaltig diese sind. Nimmt die Spinnenseide, die das Tier über

Regel-Variationen

»Wenn die Spinne morgens spinnt,
am Tag gewiss kein Regen rinnt.«
»Ist die Spinne träg zum Fangen,
Gewitter bald vom Himmel hangen.«
»Reißt die Spinne ihr Netz entzwei,
kommt der Regen bald herbei.«
»Wenn die Spinnen im Regen spinnen,
wird es nicht lange vom Dache rinnen.«

ihre Spinndrüsen produziert, sehr schnell Feuchtigkeit auf, so unterbricht sie sofort den geplanten Netzbau. Bleibt die Spinnenseide aber trocken, dann hat die Spinne keine Bedenken, den Netzbau fortzusetzen. Möglicherweise spürt die Spinne auch ohne diesen »Spinnenseidentest« eine Wetterverschlechterung oder Wetterbesserung anhand der zunehmenden oder abnehmenden Luftfeuchtigkeit.

Nun heißt es in einem Sprichwort: »Wenn die Spinne ihr Netz zerreißt, kommt schlechtes Wetter allermeist.« Ob nun die Spinne bei bevorstehender **Wetterverschlechterung** wie in dem Sprichwort ihr Gespinst tatsächlich selbst zerstört oder der zunehmende Wind ihr zuvorkommt, sei dahingestellt. Trotz kleiner Ungereimtheiten, welche die Wissenschaft noch klären möge, steht fest, dass aus dem Verhalten der Spinne sich häufig zutreffende Rückschlüsse auf die weitere Entwicklung des Wetters ziehen lassen. Das belegen Beobachtungen vieler Naturfreunde, welche die hierzulande am häufigsten vorkommenden Spinnenarten wie die Hausspinne und die Garten-Kreuzspinne unter die Lupe genommen haben.

Unter dem Gesichtspunkt, dass das Leben der Spinnen sehr klima- und wetterexponiert abläuft und aus diesem Grund ein rechtzeitiges Wahrnehmen meteorologischer Entwicklungen für sie eine wirkliche Existenzfrage darstellt, lässt sich der Wert dieser überlieferten Wetterregel gar nicht hoch genug einschätzen.

»Kräht der Hahn auf dem Mist, bleibt's Wetter wechselhaft, wie's ist;
doch kräht er auf dem Hühnerhaus,
hält's schöne Wetter noch ein Weilchen aus.«

Keine Scherzregel! Auf dem Speiseplan von Hahn und Hühnern stehen unter anderem Würmer und Insekten. Bei unbeständigem Schauer- und Regenwetter halten sich diese Futtertierchen in der relativ feuchten Oberschicht des Misthaufens auf. Bahnt sich Hochdruckwetter an, dreht der Wind über Nord auf Ost. Wind aus östlicher Richtung führt jedoch Luft heran, die einen nur geringen Wasserdampfgehalt aufweist, woraus ein größerer »Verdunstungshunger« der Atmosphäre resultiert, sprich: sie entzieht ihrer Umgebung Feuchtigkeit. Trocknet die Oberschicht bei reichlich Sonnenschein und Ostwind aus, ziehen sich die **Kleinlebewesen** in tiefere Schichten des Misthaufens zurück, sodass das scharrende Federvieh sie nicht erreichen kann. Hahn und Hühner verlieren bei schönem Wetter nach und nach ihr Interesse am Misthaufen und suchen sich andere Verweilstätten aus. Da schönes Wetter häufig eine gewisse Stabilität aufweist, lässt sich aus dem Aufenthalt des Hahnes auf dem Dach des Hühnerhauses eine oft stimmende **Schönwetterprognose** ableiten. Die Regel weist einen recht hohen Verlässlichkeitsgrad auf. Der Hahn gilt übrigens als Symbol der Wachsamkeit und des Sonnenaufgangs. Und noch ein meteorologischer Bezug lässt sich herstellen: als Wetterfahne zeigt er auf Kirchturmspitzen die Windrichtung an.

Regel-Variation
»Wenn der Gockel auf dem Mist spaziert, der Himmel weiteren Regen gebiert; doch verlässt gelangweilt der Hahn seinen Mist, auch morgen bei Sonnenschein dort er nicht frisst.«

»Huscht im Weinmond *(Oktober)* die Haselmaus viel unter Bäumen, werden Schnee und Eis mit dem Kommen säumen.«

Bevor die Haselmaus, deren bevorzugter Lebensraum ein mit reichem Buschbestand durchsetzter Mischwald darstellt, sich in den **Winterschlaf** begibt, geht sie bis Ende Oktober, meist erst nach Einbruch der Dunkelheit, auf Nahrungssuche. Mithilfe von Samen, Beeren, Insekten, Schnecken und vor allem Haselnüssen frisst sie sich ein Bäuchlein an. Zu Beginn des Winterschlafs verwandelt sich das Tier, indem es seine Körpertemperatur reduziert, von einem »Warmblüter« zu einem »Kaltblüter«. Um die Lebensfunktionen aufrechtzuerhalten, ist dennoch Energie erforderlich. Diese holt sich die Haselmaus aus den sich vor dem Winterschlaf angefressenen **Fettdepots.**

Regel-Variation
»Sucht im Oktober die Haselmaus sich einen trockenen Futterplatz aus, dann verliert sich der Winter in mildem Wind, dass Hartung (Januar) und Hornung (Februar) sich zeigen lind.«

Um bei der Nahrungssuche, die sowohl in den Zweigen der Büsche als auch am Boden erfolgt, nicht nass zu werden, meidet sie durch Regen befeuchtete Bodenareale. Durch die Fähigkeit der Bäume, Niederschlagswasser im Blattwerk zurückzuhalten, das wie ein Schirm wirkt, ist sie vor Nässe geschützt. Nach Sonnenuntergang beginnt sie dann auf dem trockenen Boden unter den Bäumen ihre Nahrung zu suchen. Käfer und andere Insekten, die ihr als Futter dienen, ziehen sich nämlich ebenfalls vom Nassen ins Trockene zurück.
Erweist sich der Oktober **sonnenscheinarm,** kühl und regenreich oder fällt auf das noch an den Bäumen befindliche Laub sogar Schnee, was im Oktober freilich selten der Fall ist, dann ist die Wahrscheinlichkeit eines milden und schneearmen Januars und Februars verhältnismäßig hoch. Bewegt sich das Oktobermittel der Lufttemperatur um wenigstens 1,5 Grad unter dem langjährigen Durchschnittswert, dann pflegt der folgende Januar in sechs bis sieben und der Februar in sieben bis acht von zehn Fällen zu mild auszufallen.

»Sind im Oktober viele Marienkäfer zu schau'n, solltest auf Frost du im Hochwinter bau'n.«

Dass ein häufiges Auftreten des als Sympathieträger geltenden Marienkäfers viel mit dem Wetter und der Witterung zu tun hat, ist allgemein bekannt. Vor allem, wenn eine ausufernde **Blattlauspopulation** den Käfern eine vorzügliche Nahrungsgrundlage bietet, fühlen sie sich sehr wohl und treten in großen Mengen auf.
Ist im Oktober die Flugintensität des Marienkäfers noch oder wieder hoch, hängt das einerseits mit dem Blattlausaufkommen, andererseits mit überdurchschnittlich hohen Temperaturen sowie einem guten Sonnenscheinangebot zusammen. So pflegen bei warmer Herbstwitterung die Weibchen der Blattläuse zu schlüpfen. Das neugeborene Weibchen ist flügellos. Um seine 200 bis 300 Eier im Kronenbereich von Bäumen ablegen zu können, muss es den Baumstamm hinaufkriechen. Dort wartet hungrig der Marienkäfer, um Beute zu machen.
Der als **Nützling** bekannte Marienkäfer ernährt sich von etwa 50 Blattläusen pro Tag. In seiner Zeit als Larve vertilgt der Käfer ungefähr 3000 Blattläuse. Da ein marienkäferfreundlicher Oktober sich durch ein überdurchschnittliches Wärmeangebot und eine unter dem Soll liegende Niederschlagsmenge auszeichnet, ist die Wahrscheinlichkeit, dass ein zu kalter Januar folgt und damit oben angeführte Bauernregel ins Schwarze trifft, verhältnismäßig groß (siehe auch Regel 39).

Regel-Variation
»Tummeln im Oktober sich zahlreiche Marienkäfer noch im Garten,
sind harte Fröste und viel Schnee im Eismond (Januar) zu erwarten.«

»Wenn fremde Wasservögel nah'n, deutet das große Kälte an.«

Oft ist es im Kernbereich nordischer Hochdruckzonen im Februar so klirrend kalt, dass alle Gewässer zufrieren und somit die Wasservögel von ihrer Nahrungsgrundlage abgeschnitten sind. Sie begeben sich dann als futtersuchende **»Kälteflüchtlinge«** nach Süden in unsere Gefilde, noch bevor die eisige Luft auch uns erreicht und hierzulande für eine spätwinterliche Kältewelle sorgt.
Zu diesen Emigranten gehören unter anderem Pracht-, Stern-, Rothals-, Schwarzhals- und Eistaucher, Schell- und Spießenten, Gänse- und Zwergsäger sowie Singschwäne. Letztere werden von den Bewohnern Lapplands als »Boten des Schicksals« bezeichnet. Sie alle entfliehen der Kälte der skandinavisch-russischen Arktis. Im Gegensatz zu den arktischen Gewässern sind viele der hiesigen Gewässer eisfrei und bieten ein gutes Nahrungsangebot. Dieses kann aus Fischen, Muscheln, Krebsen, Larven von Wasserinsekten, Unterwasserpflanzen und Algen bestehen.
Die **Singschwäne** bilden die größte Gruppe der Kälteflüchtlinge unter den nordischen Wasservögeln, deren Verbreitungsgebiet von Island über Skandinavien bis nach Sibirien reicht. Sie fühlen sich in der kargen, mit niedriger Vegetation bewachsenen Tundra im Bereich von Flachwasserseen am wohlsten. Dass diese verhältnismäßig kalten und flachen Gewässer im Winter schnell zufrieren, versteht sich von selbst.

Regel-Variationen
»Kommen des Nordens Vögel an,
folgt darauf große Kälte dann.«
»Siehst du fremde Wasservögel,
wird es kalt nach aller Regel.«

»Siehst du den Seidenschwanz trockene Beeren verzehren
und hat seine Familie er mitgebracht,
wird bald dich ein harter Winter beehren,
mit grimmigem Frost in der Januarnacht.«

Der bis zu 13 Jahre alt werdende Seidenschwanz fällt durch sein farbenprächtiges Gefieder sofort ins Auge. Er ist etwa 18 Zentimeter lang und 60 Gramm schwer und lebt in den Lärchen- und Birkenwälder des hohen Nordens. Man kann ihn als einen typischen Vogel der Taiga bezeichnen. Während der Brutzeit besteht seine Nahrung aus Insekten, vor allem aus Stechmücken, kleinen Libellen, Köcherfliegen und Schnaken, die er im Flug erbeutet.

Im Winter bevorzugt er **Beerennahrung,** die ihm von den Sträuchern und Bäumen in Wäldern, Parks und Gärten angeboten wird. Da sich der Nährstoffgehalt der Beeren in Grenzen hält, verzehrt der nimmersatte Seidenschwanz pro Tag ungefähr das Doppelte seines Körpergewichts an Strauch- und Baumfrüchten.

Als ausgesprochen gesellige Vögel nisten die Seidenschwänze teilweise dicht nebeneinander. Pro Jahr erfolgt nur eine Brut. Meist befinden sich in einem Nest drei bis fünf Eier. Reicht im Herbst und Winter das natürliche Futterangebot nicht aus, so unternimmt er oft große Wanderungen und tritt mitunter invasionsartig in Mitteleuropa auf. Hier tut er sich dann gütlich an den Früchten von Schneeball, Liguster, Eberesche, Mistel, Wacholder, Hagebutten sowie Feuer-, Rot- und Weißdorn. Mitunter stehen die Beeren des Wilden Weines auf der Speisekarte. Auch an Bäumen verbliebene oder zu Boden gefallene Äpfel und Birnen verschmäht er nicht.

Kann man den Vogel vermehrt bei uns im Winter beobachten, bedeutet das, dass in

Regel-Variationen

»Sucht der Seidenschwanz nach Beerenkost, sind Schnee zu erwarten und sehr strenger Frost.«

»Zeigt früh im Dezember sich der Seidenschwanz, begleitet harter Frost des Winters Glanz.«

seiner eigentlichen Heimat Nahrungsmangel herrscht. Normalerweise ist das der Fall, wenn in Nordskandinavien und Nordrussland sehr viel Schnee bei sehr niedrigen Temperaturen liegt. Die weiten Schneeflächen in diesen Regionen stellen Quellgebiete für Kaltluft dar, aus denen die eisige Luftmasse in Richtung milderer Luft auszuströmen strebt – für gewöhnlich Richtung Süden und Südwesten, bis sie schließlich auch uns erreicht. Der Seidenschwanz gilt also zu Recht als Vorbote eisiger **Winterkälte.**

Im Mittelalter sah man im sporadischen und geheimnisumwobenen Erscheinen des Seidenschwanzes ein böses Omen. So erhielt er die Bezeichnung »Pestvogel«, die er gebietsweise bis heute noch trägt. Da er bei Ausbruch des Dreißigjährigen Krieges im Jahre 1618 in großer Menge auftrat, wurde er auch »Kriegsvogel« genannt.

Ein massenhaftes Auftreten des Seidenschwanzes, wie es beispielsweise im Winter 2008/09 festzustellen war, wird durch hohe Populationsdichten aufgrund mehrerer milder Winter und erfolgreicher Brutsommer in Folge begünstigt. Der Seidenschwanz verfügt übrigens über die seltene Gabe, Schneeflocken zu »jagen«, um seinen Durst zu stillen. Der Seidenschwanz gilt außerdem als tagaktiver Vogel, der sich bei der »Beerenernte« als geschickter Kletterer erweist. Beim Balztanz sträubt er das Rücken- und Bürzelgefieder und hebt seine rötlich braune Haube stark an.

»Tummeln abends sich die Meisen am Futterhaus, bleibt baldiger Neuschnee ganz sicher nicht aus.«

Finden sich unmittelbar vor Sonnenuntergang am Futterhäuschen in großer Zahl Kohl-, Blau- und Tannenmeisen und andere insektenfressende Vogelarten ein, so wissen wir: Ein Kälteeinbruch steht vor der Tür und wir dürfen uns auf eine weiße Winterlandschaft freuen.
Die Erklärung für das Verhalten der Vögel ist relativ einfach. Fallen nach einem milden Tag die Temperaturen beträchtlich, so pflegt sich die Feuchtigkeit aus der Luft als **Eisschicht** auf die Rinde von Stamm und Zweigen der Bäume zu legen. Die in den Ritzen und Nischen der Rinde verborgenen Insekten sind dadurch als Nahrung für die Vögel nicht mehr erreichbar, was diese zwingt, die Futterhäuschen im Garten oder am Fenster aufzusuchen und Körner zu fressen.
Der Körper der kleinen Sänger benötigt ausreichend Energienachschub. Oft werden Vögel Opfer strenger Winterkälte, wenn sie nicht ausreichend Futter finden. Um möglichst wenig Energie zu verbrauchen, helfen sich die Vögel mitunter gegenseitig. Kaum zu glauben, dass sich zum Beispiel in einer frostigen Nacht insgesamt 61 Zaunkönige in einem Nistkasten mit einem Rauminhalt von etwa viereinhalb Bierflaschen einfanden, um sich aneinandergeschmiegt zu wärmen.
Dessen ungeachtet tut man gut daran, obige Regel ernst zu nehmen. Vielleicht ist sie der letzte Anstoß, den Rodelschlitten oder die Skier aus Keller und Schuppen zu holen und auf Vordermann zu bringen.

Regel-Variation
»Am Futterplatz viel Meisen vor Sonnenuntergang, bringt Schneefall, oft viele Stunden lang.«

»Zieht es den Hirsch von den Bergen ins Tal, wird bald Sturm auf der Höhe den Gemsen zur Qual.«

Während Schwalben, Stare und Störche im Herbst vor der kalten Jahreszeit fliehen und wir es uns in der geheizten Stube gemütlich machen, beginnt für Steinböcke und Gemsen in den Alpen ein schwerer Kampf gegen Hunger und Erfrieren. Um den langen **Bergwinter** überstehen zu können, fressen sich die Gemsen im Verlauf des nur kurzen, dennoch aber üppigen Bergsommers ein dickes Fettpolster an, das bis zu 20 Prozent ihres Körpergewichts ausmacht. Trotzdem sind die Tiere gezwungen, rigoros Energie zu sparen, damit die Reserven bis zum Ende des Winters reichen.
Da macht es sich der Hirsch leichter. Wenn Schneesturm droht, zieht es ihn von den Bergen in Richtung Tal. Denn in der Höhe weht der Wind eher und viel stärker. Bereits bei geringsten Anzeichen eines Unwetters reagieren die Hirsche und verlassen die möglicherweise für sie todbringende Zone.

Regel-Variation
»Wenn der Hirsch von den Bergen flieht, in Kürze tiefer Schnee die Höhen überzieht.«

Gemsen und Steinböcke aber harren dort weiter aus. Oft stehen sie tagelang wie angewurzelt auf einer Stelle, um keine Energie zu vergeuden. Mit einem speziell aufgebauten Pelz, der sich aus steifen Haaren und einer darunterliegenden Wollschicht zusammensetzt, versuchen sie die **Wärmeverluste** so gering wie möglich zu halten und die ihnen von der Natur auferlegte »Wetterprüfung« zu bestehen. Durch die im Fell eingefangene Luft entsteht ein Isolationseffekt, der dem eines Doppelfensters ähnelt.

Missernten oder Bauernglück – was das Wetter über die kommende Ernte verrät

Diese Regeln geben keine Auskunft über das Wetter der nächsten Stunden oder Tage, sondern darüber, wie die Witterung auf die Ertragsbildung wirkt. Dabei steht nicht nur der Erntetermin, sondern auch die Menge und Qualität des im Garten bzw. auf dem Feld eingebrachten Ernteguts im Vordergrund.

Was das Wetter über die kommende Ernte verrät

»Wenn Martina und Serena sich sonnen,
verspricht das Jahr dem Winzer Wonnen.«

30. Januar – Martina und Serena

Wolkenarme Witterung, die viel Sonnenschein beschert, wird von den Winzern um Martina und Serena, sofern die Lufttemperatur tagsüber nicht unterhalb von minus fünf Grad liegt, gern für den winterlichen **Rebschnitt** genutzt. Bei Temperaturen oberhalb des Gefrierpunktes oder nur leichtem Frost sorgen die Weinbauern dafür, dass nur noch das Stammholz, Fruchtholz und Ersatzholz am Stock verbleiben. Nachts sollte es nach dem Rebschnitt auch nicht zu kalt werden, liegt doch die untere Grenze der »Wohlfühltemperatur« der Weinstöcke, je nach Rebsorte, bei minus 15 bis minus 18 Grad.
Ein zu später Schnitt hat in der Regel ein zu starkes Bluten der Reben zur Folge. Darunter ist der Austritt des aufsteigenden Saftes aus den **Schnittwunden** zu verstehen. Dieser tropft regelrecht aus den verletzten Stellen. Das Bluten setzt nach der Vegetationsruhe, wenn die Reben aus dem Winterschlaf erwachen, und vor der Knospenschwellung ein. Das heißt, dass die Wurzelzellen aktiv sind und das Wasser in die Leitbahnen des Weinstockes drücken. Beim Bluten kommt es neben Wasser auch zu einem Austritt von Mineralstoffen – was die Pflanze nachhaltig schwächt – und von Zucker, dem Frostschutzmittel der Rebe.
Ein Kälteeinbruch nach dem Bluten kann somit den Weinstock gefährlich schädigen. Dem kann man durch einen rechtzeitigen Rebschnitt Ende Januar begegnen. Jetzt hat der Stock noch die Möglichkeit, seine Wunden rechtzeitig zu »verkorken«. Die in dem austretenden Wasser,

Regel-Variationen
»Wenn Serena die Wolken vertreibt, der Winzer vor Freude die Hände sich reibt.«
»Scheint an Martina die Sonne heller, wird sich mit Rebensaft füllen der Keller.«
»Tragen Martina und Serena die Sonne ins Land, drückt Bruno (06.10.) uns süße Trauben in die Hand.«
»Wenn Martina und Serena freundliches Wetter bringen, die Winzer vor Freude singen und springen.«

den **»Rebtränen«,** enthaltenen Inhaltsstoffe verhindern das Eindringen von Bakterien in den Weinstock und wirken daher desinfizierend. Früher galt das Rebenblut als Hausmittel für diverse Wehwehchen des Menschen. Über die medizinischen Eigenschaften der Rebtränen äußerte sich bereits Hildegard von Bingen (1098–1179).

Übrigens soll es ein Esel gewesen sein, der die Menschen in alter Zeit bewogen hat, ihre Reben zu schneiden. Der nämlich knabberte in einem kleinen palästinensischen Dorf einen Weinstock so kräftig an, dass dieser zum Entsetzen der Bewohner wie gerupft aussah. Doch mit Verwunderung stellte man Monate später fest, dass der auf diese Weise Geschädigte besonders große Trauben trug. Also begann man, selbst die Rebstöcke zu schneiden, statt diese Tätigkeit gefräßigen Eseln zu überlassen.

Martina, die als Patronin der stillenden Mütter verehrt wird, starb als Märtyrerin um das Jahr 230 in Rom. Über Serena, der Name bedeutet »die Heitere«, ist nicht viel bekannt. Ihr Leben endete um das Jahr 291 in Spoleto.

Regel 86

Was das Wetter über die kommende Ernte verrät

»Januar hart und rau,

nutzt dem Getreidebau.«

Im Allgemeinen ist diese Regel ganz verlässlich, doch nur unter der Bedingung, dass Frau Holle samt Goldmarie für ausreichend Schnee gesorgt hat. Leider sind schon häufig aufgrund des Fehlens einer schützenden Schneedecke Frostschäden an den Wintersaaten zu beklagen gewesen. Normal abgehärteter Winterraps verkraftet Temperaturen im Bereich von minus 12 bis minus 15 Grad, während abgehärtete Wintergerste minus 15 bis minus 18 Grad schadlos überstehen kann. Etwas härter im Nehmen sind der Winterweizen, dessen Frostschadensschwelle bei minus 20 Grad liegt, und der Winterroggen, der am wenigsten kälteempfindlich ist und sogar bis minus 25 Grad ohne Schaden zu überstehen vermag.

Hatte jedoch eine längere milde Witterungsperiode eine partielle oder vollständige **Enthärtung** der Wintersaaten zur Folge, so ist die Frostschadensschwelle deutlich geringer. Bei plötzlichem Einbruch strenger bis sehr strenger Winterkälte und fehlender weißer Pracht kann das für die Raps- oder Getreidepflänzchen fatale Folgen haben. Sie erleiden dann Schäden am Blattapparat oder wintern gänzlich aus. Vor allem frisch gefallener Schnee, der im Allgemeinen nur eine geringe Dichte besitzt, weist sehr gute Isoliereigenschaften auf. Mit Alterung des Schnees und damit verbundener Erhöhung der Schneedichte verschlechtert sich seine Isolierwirkung. Die Isoliereigenschaft einer zehn Zentimeter hohen Neuschneedecke sorgt selbst bei Außentemperaturen von minus 20 Grad dafür, dass sich die Temperaturen unter dem Schnee nur im Bereich leichten Frostes bewegen. Den gleichen Schutzeffekt erreicht man bei Außentemperaturen von minus 30 bis minus 35 Grad mit einer Schneedecke von 20 Zentimetern.

Regel-Variationen

»Der Januar muss vor Kälte knacken, wenn die Ernte gut soll sacken.«

»Deckt Genovefa (03.01.) die Saaten mit einem Schneepelz zu, findet der Bauer zur Ernte kaum Ruh'.«

»Wenn Fröste überm Januarschnee ihr Zepter schwingen, wird's reiche Ernte uns im Jahre bringen.«

»Wenn trocken der Winter und der Lenzmond (März) war, das Jahr oft gute Ernten gebar.«

»Der Wolfsmond mit Schnee und Eis von Heu und Korn zu künden weiß.«

Hinter der Bezeichnung »Wolfsmond« verbirgt sich in dieser Regel weder eine Rockband noch ein Roman. Es handelt sich neben »Hartung«, »Schneemond« und »Eismond« ganz einfach um einen in alter Zeit gebräuchlichen Namen für den Monat Januar. Früher nannte man auch den ersten Vollmond nach dem Jahreswechsel »Wolfsmond«. Dieser Vollmond sollte auf die Gefahren der Natur aufmerksam machen. Obwohl die Tage langsam wieder länger werden, stellen sich jetzt häufig heftige Fröste ein. Sofern eine weiche Schneedecke liegt, kann die pflanzliche Natur im **Winterschlaf** ruhen und Kraft für die kommende Wachstumsphase schöpfen. Für die Tiere, die sich über der Schneedecke aufhalten, wird es allerdings, vor allem nachts, bitterkalt. Nicht nur das Rot-, Damm- und Schwarzwild nähert sich dann auf der Suche nach Nahrung den menschlichen Siedlungen, sondern früher auch der Wolf. Möglicherweise liegt dieser Tatsache die Bezeichnung »Wolfsmond« zugrunde.

Wenn im Januar eine **Schneedecke** liegt, kommt normalerweise das Getreide gut über den Winter, ohne größeren Schaden zu nehmen (siehe auch Regel 86). Damit sind, sofern die Witterung in den Frühlings- und Sommerwochen mitspielt, gute Voraussetzungen für einen hohen Ertrag gegeben. Und unsere Bauernregel trifft wieder einmal ins Schwarze.

Regel-Variation

»Stauen sich vor Dreikönig (06.01.)
schon die Wehen am Zaun,
darfst weiter auf hilfreichen Schnee
du bau'n;
der schützt deine Saaten und hält sie
warm, lässt's Korn gut geraten und
macht dich nicht arm.«

Was das Wetter über die kommende Ernte verrät

»Scheint im Februar die Sonne auf den Baum, bleibt dem Obst nur wenig Raum.«

Diese weit in die Zukunft blickende Bauernregel weist auf die Schäden hin, die harter Frost im Hornung, wie der Februar früher genannt wurde, an Obstbäumen verursachen kann. Scheint nämlich die Februarsonne vom Himmel, herrscht meist eine Hochdrucklage vor. Befindet sich das Zentrum des Hochs über Skandinavien und Nordwestrussland, so gelangt zum Teil eisige Luft aus den verschneiten Weiten Sibiriens nach Mitteleuropa.

Kommt nach einem sonnigen Tag diese dann hierzulande im Laufe der folgenden sternenklaren Nacht über einer Schneedecke zur Ruhe, kann es extrem kalt werden, sodass an den Obstbäumen mit erheblichen **Frostschäden** gerechnet werden muss. Vor allem Fröste unter minus 20 Grad können dazu führen, dass die Knospen erfrieren und der Baum im Sommer bzw. Herbst nur wenig trägt.

Doch es lauert noch eine weitere Gefahr, die dem Baum sehr stark, mitunter lebensgefährlich zusetzen kann. Oft kommt es, insbesondere im Monat Februar, an den Obstgehölzen zu sogenannten Frostrissen (auch Stammrisse genannt). Diese entstehen durch große Temperaturdifferenzen zwischen Tag und Nacht und zwischen der Süd- und Nordseite eines Baumstammes. So wird die Südseite des Stammholzes tagsüber durch die Sonne schon beträchtlich erwärmt, während die Nordseite noch winterlich kalt bleibt. Dadurch kommt es zu Spannungen im Holz und mitunter zu tiefen Rissen im Stamm. Die auftretenden Temperaturdifferenzen zwischen Stammnord- und Stammsüdseite können immens sein. Teilweise betragen sie bis zu 50 Grad.

Um hohe Temperaturen auf der Südseite zu vermeiden, versieht man die Stämme mit einem **Kalkanstrich.** Die weiße Farbe reflektiert einen Großteil der Sonnenstrahlen. Derartige Risse im Stammholz können Eintrittspforten für Schädlinge sein, die dann den Baum arg in Mitleidenschaft ziehen. Stark ausgeprägte Frostrisse haben nicht nur Wachstumsstörungen und damit auch Mindererträge zur Folge, sondern

Regel-Variation

»Wenn der Februar extreme
Fröste gebiert,
wenig Frucht die Bäume zur
Obsternte ziert.«

ziehen im schlimmsten Fall auch ein Absterben des Baumes nach sich.
Übrigens stellt sich in Verbindung mit dem Hochdruckwetter noch eine andere Erscheinung ein, die dem Gärtner oder Gartenfreund Probleme bereitet. Nadelbäume, Koniferen und immergrüne Laubgehölze leiden in strengen Wintern häufig unter **Frosttrocknis.** Sie ist dann zu befürchten, wenn der Boden gefroren ist und das Gehölz somit über seine Wurzeln kein Wasser aufnehmen kann und ein trockener Ostwind zu einer Auszehrung der Feuchte aus dem Nadel- oder Blattgewebe führt. Besonders häufig ist dies im Monat Februar der Fall, der noch eisig sein kann, obwohl tagsüber die Sonne schon höher steht. Denn der größere Tagbogen der Sonne fördert wiederum die Verdunstungsintensität. Frosttrocknis pflegt sich meist auf schneearmen Standorten einzustellen. Auf diesen kann der Frost tief in den Boden eindringen. Besonders im Spätwinter sind häufig Nadelgehölze, aber auch immergrüne Laubgehölze von dieser Erscheinung betroffen. Frosttrocknis kommt durch den akuten Zusammenbruch der Feuchtigkeitsversorgung bei Gewächsen zustande, deren Spaltöffnungen sich rasch öffnen. Dabei geht durch Transpiration viel Wasser dem Gewebe verloren. Die Pflanze kann aufgrund des gefrorenen Bodens kein neues Wasser aufnehmen und damit das verlorene Wasser nicht ersetzen. Die Pflanze verdurstet förmlich, wodurch sie schwere Schäden erleiden kann.

»Gibt's im Märzen zu viel Regen, bringt die Ernte wenig Segen.«

Ein zu nasses Frühjahr hat häufig zur Folge, dass die Felder später als gewohnt mit Sommerhalmfrüchten bestellt werden. Fällt im März wiederholt ergiebiger Regen auf die mitunter durch die vorangegangene Schneeschmelze noch nassen Äcker, hat der Boden keine Chance abzutrocknen. Vielmehr präsentiert er sich stark aufgeweicht, sodass eine Bearbeitung desselben einfach nicht möglich ist.

Unseren Altvorderen war es unter diesen Bedingungen nicht möglich, mit Pferd, Pflug und Egge die anstehenden Feldarbeiten zu verrichten. Sie mussten warten, bis die Äcker ausreichend abgetrocknet waren. Das konnte bei **Sonnenscheinmangel** und niedrigeren Temperaturen und dem daraus resultierenden geringeren Verdunstungshunger der Atmosphäre recht lange dauern.

In heutiger Zeit stehen die Landwirte vor dem gleichen Problem. Sind die Böden stark aufgeweicht, ist es ihnen nicht möglich, diese mit schwerer Technik zu befahren, ohne dabei eine schwerwiegende Verdichtung des Erdreichs und damit Struktur- und Gefügeschäden im Boden zu verursachen. **Bodenverdichtungen** ziehen empfindliche Ertragseinbußen nach sich, wächst doch auf dem verdichteten Erdreich das Getreide nur schlecht. Durch die Verzögerung bei der Bestellung verkürzt sich die Wachstumszeit des Getreides. Das wiederum ist gleichbedeutend mit geringeren Erträgen. Und wieder einmal hat sich eine Bauernregel bewahrheitet.

Regel-Variationen

»Ist Kunigunde (03.03.) tränenschwer, dann bleibt gar oft die Scheuer leer.«

»Ein feuchter März ist des Bauern Schmerz.«

»Lässt der März sich trocken an, bringt er Brot für jedermann.«

Sind die Krumenfeuchten im Vollherbst und Spätherbst sowie im zeitigen Frühjahr zu hoch, unterliegen die Wintersaaten häufig einem **»Verwöhneffekt«.** Sie brauchen sich um das lebensnotwendige Wasser nur wenig kümmern und bilden daher keine leistungsstarken Wurzelsysteme aus. Bei trockener Krume sind die Wintersaaten dagegen gezwungen, kräftige und leistungsfähige Wurzeln zu entwickeln. Diese kommen ihnen dann im Vollfrühling, der mit dem Erblühen von Apfelbaum und Flieder seinen Anfang nimmt und mit dem Blühbeginn des Wiesenfuchsschwanzes endet, und im Frühsommer zugute: Die Sonne hat nun schon deutlich an Kraft gewonnen und bewirkt durch größere Verdunstung einen raschen Rückgang der **Bodenfeuchte.** Bestände mit schwächer entwickeltem Wurzelsystem haben dann erhebliche Probleme, an das Wasser heranzukommen. Dessen ungeachtet kann im März bei nicht zu feuchtem Boden die Frühjahrsbestellung der Sommerhalmfrüchte ohne Probleme in Angriff genommen werden. Natürlich darf es auch nicht zu trocken sein. Eine bestimmte Menge Wasser, welche die Ausbildung eines leistungsstarken Wurzelsystems ermöglicht, muss selbstverständlich im Boden sein. Das Optimum der Bodenfeuchte für die Aktivität der Bodenorganismen liegt zwischen 60 und 80 Prozent der Feldkapazität. Unter Feldkapazität ist die Wassermenge zu verstehen, die der Boden schichtbezogen aufzunehmen vermag. Unterschreitet oder erreicht der Bodenwassergehalt für längere Zeit den für jede Bodenart typischen Welkepunkt, dann stellt sich in der Pflanze der Zelltod ein. Rüben oder Kartoffeln können, da die Rübenkörper bzw. die Kartoffelknollen kleine Wasserreservoire darstellen, extreme Bodendürren besser überstehen als andere Pflanzen.

Regel-Variationen

»Dem Golde gleich ist Märzenstaub,
er bringt uns Korn und Gras und Laub.«
»Wenn Sonne im Märzen trocknet
die Äcker, erfreut viel Roggenmehl
den Bäcker.«
»Staubt das Feld im Märzen sehr,
erntet man Ähren goldgelb und schwer.«
»Wenn trocken sich das Frühjahr zeigt,
das Feld zu reicher Ernte neigt.«

Was das Wetter über die kommende Ernte verrät

»April trocken – macht die Keime stocken,
denn kommt kein Regen vom Dach ins Fass,
fehlt der Feldfrucht das himmlische Nass;
das wird bei der Ernte zu spüren sein,
da Korn- und Strohmengen sind zu klein.«

Mitunter offenbart sich der April handzahm und friedlich wie ein Schaf. Schlägt er keine Kapriolen und wartet ohne Gewitter, Hagel, Sturm und Regenschauer auf, so erweist sich das, wie voranstehende Regel besagt, aus landwirtschaftlicher Sicht keinesfalls als Vorteil. Der sprichwörtlich **wetterwendische April** ist keine Singularität im Wetterablauf wie die Eisheiligen oder die Schafskälte. Rasche und unsystematische Wetterwechsel sind charakteristisch für diesen Monat: »Wohl hundertmal schlägt das Wetter um, das ist des Aprils Privilegium«, behauptet der Volksmund. Denn im April ringen polare Kaltluft und subtropische Warmluft intensiv um die Regentschaft in Mitteleuropa.

Dass der April nicht zu Unrecht als »Eulenspiegel der Monate« bezeichnet wird, hat die jüngere Vergangenheit mehrfach bewiesen. Im Vorgriff auf den Mai spielt er sich manchmal gern als »Blütenmonat« auf und kann zum trockenen und sonnenscheinreichen Aprilsommer ausarten. Spät zu bestellende Feldfrüchte wie Hafer, Ölsonnenblumen, Zuckerrüben und Mais finden dann in Verbindung mit der stärkeren Bodenwasserauszehrung keine für Keimung und Aufgang des Saatgutes günstigen Bedingungen vor. Der **Keimfeuchtebedarf** ist nicht gedeckt. Die Krumenfeuchte wird zum begrenzenden Faktor für das Auflaufen der Feldkulturen. Ein trockener April macht also tatsächlich »die Keime stocken«.

Extreme, zu Getreideertragseinbußen führende Bodendürren treten aber normalerweise erst ab spätem Frühling oder Frühsommer auf.

Regel-Variation

»Trockenes Wetter im April –
schläft die Saat im Boden still.«

»Macht der Mai häufig das Roggenfeld nass,

füllen prall sich die Ähren nach Barnabas.«

11. Juni – Barnabas

Laut Bauernkalender wird das Namensfest des Apostels und Märtyrers Barnabas am 11. Juni begangen. Der Gedenktag für den Patron der Küfer, Böttcher und Weber sowie Helfer bei Hagel und Steinschlag fällt noch in die Zeit des stärksten Pflanzenwachstums. Nicht umsonst heißt es: »Mit der Sens' der Barnabas schneidet ab das längste Gras.« Unmittelbar vor Barnabas, im ersten Junidrittel, blüht normalerweise der Roggen. Da nach der Blüte die Kornfüllungsphase ansteht, wünscht sich der Bauer für diese genug Feuchtigkeit im Boden und hofft, dass der Mai deshalb nicht zu trocken ausfällt.

Regel-Variationen

»Toben Regen und Wind zur Maienzeit toll, werden im Herbst die Korntruhen voll.«

»Wenn Mairegen fällt auf Gerste und Roggen, darf der Bauer wegen kornschwerer Ähren frohlocken.«

»Wässert reichlich der Maihimmel Gerste und Weizen, braucht der Landmann im Herbst mit den Talern nicht geizen.«

Ist eine gute **Wasserversorgung** der Roggenpflanzen gegeben, können sich große Körner in den Ähren ausbilden. Das ist die Grundaussage der vorangestellten Bauernregel. Zur Vielfalt der Witterungserscheinungen im Monat Mai gehört somit auch ordentlicher Regen.

Das »Nass von oben« und Frost in Bodennähe einerseits sowie hochsommerliche Temperaturen andererseits sind das Ergebnis eines virtuosen Zusammenspiels: nämlich der meteorologischen Elemente im Wetterkonzert des Wonnemonats Mai, der nicht umsonst von Erich Kästner (1899–1974) als »Mozart des Kalenders« bezeichnet wurde.

»Ist der Mai kühl und nass,
füllt's dem Bauer Scheun' und Fass.«

Der Bauer wünscht sich einen Mai, der ihm richtiges Wachstumswetter beschert. Dazu gehört Regen, dessen Feuchtigkeit im besten Fall nicht zu schnell verdunstet. Dies ist aber nur der Fall, wenn sich der Mai nicht zu warm und sonnig zeigt. Der Winterweizen befindet sich im »Schossen«, dem Längenwachstum der Triebe und der Ausbildung der Blütenstände. Winterroggen und Wintergerste beginnen mit dem »Ährenschieben«.

Im Hinblick auf die nach der Blüte im Juni einsetzende **Kornfüllung** in den Ähren hofft der Bauer, dass zum Ende des Monats Mai noch ausreichend Bodenwasser für die Getreidepflanzen verfügbar ist, damit gemäß obiger Regel eine gute Getreideernte ins Haus steht. Ein zu trockener Boden während der Kornfüllungsphase lässt zur Ernte im Juli und im August nur kleine Körner oder Schmachtkörner in den Ähren erwarten. Allein eine künstliche Bewässerung kann hier den drohenden Ernteausfällen entgegentreten. Oft kommt es bei mangelnder Bodenwasserversorgung zu **Notreifeerscheinungen.**

Auch im Mai liegen Feuer und Eis mitunter eng beieinander. Nicht umsonst heißt es: »Die erste Liebe und der Mai geh'n selten ohne Frost vorbei.« Schließlich gilt bis heute der Marienmond oder Blütenmond, wie der Mai früher bezeichnet wurde, als Monat der Liebenden, in dem die Frühlingsgefühle auf ihr Recht pochen.

Regel-Variationen

»Maimond kalt und windig,
mach die Scheuer voll und pfündig.«
»Ist der Mai recht heiß und trocken,
kriegt der Bauer kleine Brocken;
ist er aber feucht und kühl,
dann gibt's Frucht und Futter viel.«
»Regen im Mai bringt Wohlstand
und Heu.«
»Ein kühler Mai wird hochgeacht'
und hat stets fruchtbar Jahr gebracht.«
»Fällt Maienregen auf die Saaten,
so regnet's für die Bauern auch
Dukaten.«
»Nass zuvor und auch im Mai,
füllt die Speicher und macht viel Heu.«
»Ist der Mai recht warm und trocken,
macht er alles Wachstum stocken.«
»Mai ohne Regen, fehlt's allerwegen.«

Und wie kein anderer Monat fasziniert uns der Mai durch seine Blütenfülle.
Der Vollfrühling, der als phänologische Jahreszeit mit dem Erblühen von Apfelbaum und Flieder seinen Einzug hält und mit unsichtbarem Pinsel die Rapsfelder in gelbe Farbe taucht, kann sich auch von einer weniger lieblichen Seite zeigen: Obwohl die Sonne schon in der Lage ist, sommerliche Temperaturen zu erzeugen, kann es im Mai noch zu sehr kühlen Tagen, mitunter auch zu **Frosttagen** kommen.
Die Eisheiligen (11. bis 15. Mai) werden normalerweise dem heranwachsenden Getreide nicht mehr gefährlich, doch insbesondere der Apfelbaumblüte können schon leichte Nachtfröste schweren Schaden zufügen. Hinzu kommen bei zu kühler Witterung durch ausbleibenden Bienenflug noch Befruchtungs- bzw. Bestäubungsschäden. Neben der Apfelblüte sind auch die Weinstöcke gefährdet. Herrscht jedoch trübes und regnerisches Wetter, bleiben die dem Wein gefährlichen Nachtfröste normalerweise aus, sodass im Herbst entsprechend viel Rebensaft ins Fass kommt.
Mitunter laufen die sogenannten kleinen Eisheiligen Urban und Philipp (25./26. Mai) ihren Vorbildern, dem fünfköpfigen Regiment der »großen« Eisheiligen, bestehend aus Mamertus, Pankratius, Servatius, Bonifatius und der »Kalten Sophie«, den Rang ab. Meist sind sie aber harmloser Natur und können den ins Freilandbeet gesetzten Tomaten und Gurken nichts anhaben.

»Wenn sich Mamertus mit Nachtfrost schmückt,

die Apfelernte nicht beglückt.«

11. Mai – Mamertus

Kältere Witterungsperioden im Mai treten häufig dann auf, wenn hoher Luftdruck im Nordwesten tiefem Druck im Südosten Mitteleuropas gegenübersteht. Bei einer derartigen Luftdruckverteilung wird die jahreszeitlich bedingte schnell vor sich gehende Erwärmung durch das Einströmen kalter nördlicher Luft unterbunden. Bis Mitte des 19. Jahrhunderts kam es regelmäßige zu einem Kälterückfall zwischen dem 11. und 15. Mai – den **Eisheiligen.** Hier treffen zwei Ereignisse aufeinander: eine starke nächtliche Ausstrahlung des Bodens bei klarem Himmel und eine zur Ruhe gelangte, von Norden her eingeflossene kalte Luft. Zum Regiment der Eisheiligen zählen neben Mamertus noch Pankratius (12. Mai), Servatius (13. Mai.), Bonifatius (14. Mai) und die **»Kalte Sophie«** (15. Mai). Frostschäden können an den Obstbaumblüten schon bei geringen Kältegraden eintreten. Dabei sind die einzelnen Teile der Blüte in sehr verschiedenem Maße frostanfällig. Während ausgereifter, befruchtungsfähiger Blütenstaub Temperaturen bis minus 20 Grad Celsius schadlos überstehen kann, ist der junge Fruchtknoten mit Griffel und Narbe überaus frostempfindlich und zeigt erlittenen Schaden durch Bräunung an. Berührt Väterchen Frost unsere Apfelbäume zu intensiv mit eisiger Hand, dann sieht es schlecht um die Apfelernte im Herbst aus – und unsere Bauernregel hat Recht.

Regel-Variation

»Wenn Pankratius und Servatius nach Reif und Frösten streben, wird es im Herbst nur wenige Äpfel geben.«

»Lässt Sophie am Morgen die Pfützen gefrieren, kann der Winzer mitunter viel Wein verlieren.«

15. Mai – Sophie

Rebstöcke sind umso mehr frostgefährdet, je näher sie sich am Fuße des **Weinberges** oder gar in einer Senke oder Mulde befinden, da sich in windstillen und wolkenarmen Frühlingsnächten die kälteste Luft in unmittelbarer Bodennähe bildet und in Geländevertiefungen zusammenfließt. Vor allem der frostige Hauch der zum fünfköpfigen Regiment der Eisheiligen zählenden »Kalten Sophie« (siehe Regel 94) hat insbesondere im süddeutschen Raum bei Gärtnern und Winzern schon häufig zu Verdruss geführt.

Spätfrostschäden an den Rebstöcken äußern sich dadurch, dass bereits sichtbare Blätter bzw. Triebteile schlaff werden, sich dann braun verfärben und vertrocknen. Gerade austreibende Knospen nehmen innen eine dunkelbraune Färbung an, verharren in ihrer Entwicklung und sterben dann ab. Bereits leichte Fröste lassen den Pflanzensaft gefrieren. Dadurch dehnt sich dieser in den Zellen aus und lässt die Zelle platzen. Je nach Intensität und Verteilung der irreversiblen Schädigungen sind Teile des Rebstockes, mitunter auch der ganze Rebstock zum Absterben verurteilt. Je größer der Wassergehalt des Gewebes ist, desto stärker ausgeprägt erweist sich seine Anfälligkeit gegenüber Temperaturen unter dem Gefrierpunkt. Während im April und Mai schon ein leichter Spätfrost zur Vernichtung der wasserhaltigen Triebe reicht, vermag der Rebstock in der Winterruhe Fröste von minus 15 bis minus 20 Grad schadlos zu verkraften.

Es gibt Jahre, in denen die **Kälterückfälle** im Mai und somit auch die »Eisheiligen« ganz ausbleiben. Im Gegensatz zur »Schafskälte«, die wir mit einer hohen Wahrscheinlichkeit von 89 Prozent im zweiten Junidrittel erwarten können, ergibt sich für die »Eisheiligen« nur eine 67-prozentige Eintrittswahrscheinlichkeit. Das hängt wohl auch damit zusammen, dass es die Eisheiligen mit der Pünktlichkeit nicht mehr so genau nehmen. Dennoch stimmt die Regel.

Regel-Variationen

»Zeigt sich Sophie mit eisigem Charme,
schlägt der Weinbauer zu Recht Alarm.«
»Bringt Sophie den Frost ins Tal,
bereitet sie dem Rebstock große Qual.«

»Regnet's im Juni oft über Stunden,
erntest du Kirschen mit schweren Wunden.«

Wenn das Fruchtfleisch der Süßkirschen einen hohen Zuckergehalt besitzt, was im Juni häufig bei zeitiger reifenden Sorten wie »Burlat«, »Frühe Rote Meckenheimer«, »Souvenir des Charmes«, »Geisepitter«, »Mabigarreau« und »Schwarze Königin« der Fall ist, sieht der Obstbauer länger anhaltenden Regen nicht gern.
Während das Fruchtfleisch der Kirsche eine hohe **Zuckerkonzentration** aufweist, enthält das auf die Kirschhaut tropfende Regenwasser keinen Zucker. Da das Regenwasser bestrebt ist, sich im Sinne eines Konzentrationsausgleiches in Richtung des mit viel Zucker angereicherten »Kirschblutes« durch die nur wenige Tausendstel Millimeter dicke Fruchthaut zu bewegen, füllt sich die Kirsche immer mehr mit Flüssigkeit, was mit einer Abnahme der Zuckerkonzentration einhergeht. Diesen Vorgang bezeichnet man als **Osmose.**
Wissenschaftlich ist unter Osmose ein gerichteter Fluss von Molekülen zu verstehen, der durch eine semipermeable (halbdurchlässige) Membran erfolgt und für die Regulation des Zell- und Pflanzenwasserhaushaltes eine große Bedeutung besitzt. Mit dem sich erhöhenden, auf die Kirschhaut wirkenden Innendruck können erste, ganz feine Risse entstehen. Durch diese kann das Regenwasser noch zügiger in die Kirsche eindringen. Setzt sich der osmotische Vorgang fort, wird der Innendruck so groß, dass die Kirsche platzt. Die geernteten Kirschen entsprechen dann nicht unseren Qualitätsansprüchen.

Regel-Variation
»Sind Otto und Theobald (30.06.) mit viel Regen verbunden, hinterlässt dieser in Süßkirschen Risse und Wunden.«

»Verlässt sein Bett um Margret der Bach,

fehlt's im Winter an Korn unterm Dach.«

20. Juli – Margarete von Antiochia

Dieser Reim weist wie zahllose Sprüche darauf hin, dass viel Regen, der auch im Sommer das Wasser in den Bächen steigen lässt, dem erntereifen Getreide nicht guttut. Das gilt nicht nur für die Qualität des Strohs, sondern auch für die der Körner in den Ähren. Im Gegensatz zu den Halmfrüchten können Rüben von reichlichem Juliniederschlag im Hinblick auf ihr Dickenwachstum profitieren. **Halmfrüchte** neigen dagegen bei sehr feuchtem Wetter, insbesondere wenn dieses mit höheren Windgeschwindigkeiten einhergeht, sich zu legen. Diese Lagererscheinungen in den Beständen erschweren den Mähdrusch des Getreides. Das gilt trotz Ährenhebern am Schneidwerk auch heute noch.

Regel-Variation
»Wenn Margarete Feld und Garten gießt, bis Lorenz (10.08.) viel Wasser vom Himmel fließt; dann kommt die Halmfrucht oft zum Liegen, sodass eine schlechte Ernte wir kriegen.«

Lagerndes Getreide zieht zudem durch den Kontakt mit dem feuchten Boden Fäulniserscheinungen und verstärkt auch Pilzbefall nach sich. Außerdem können Feldunkräuter und Ungräser durch das liegende Getreide rasch hindurchwachsen, da sie nun mehr Licht erhalten. Mitunter führt die hohe Feuchtigkeit, wenn eine Ernte des Getreides aufgrund hoher Korn- und Strohfeuchten nicht rechtzeitig möglich ist, dazu, dass die Körner in den Ähren keimen. In einem solchen Fall eignet sich das Getreide nicht zur Mehlgewinnung für die Backindustrie, sondern nur noch zur Verfütterung. Margarete, die als Schutzpatronin der Jungfrauen, Ehefrauen, Ammen, Gebärenden und Bauern angerufen wird, zählte neben Barbara und Katharina zu den »Heiligen drei Jungfrauen«. Sie soll eine bildhübsche Erscheinung gewesen sein, die während der Christenverfolgung unter Kaiser Diokletian um das Jahr 305 nach schrecklichen Qualen enthauptet wurde. In der Nacht vor ihrem Lebensende soll Margarete im Kerker ein Drache (die Versuchung symbolisierend) erschienen sein, der die Absicht hatte, sie zu töten.

Regel 98

Was das Wetter über die kommende Ernte verrät

»Wer Weizen sät am Simonstage,

dem trägt goldene Ähren er, ohne Frage.«

28. Oktober – Simon von Zelotes

Auch an dieser überlieferten Bauernregel gibt es überhaupt nichts zu deuteln. Mit der Aussaat des Winterweizens am Simonstag lassen sich, wie die Erfahrungen vieler Bauerngenerationen belegen, gute Erträge erzielen. Was die **Wintersaaten** betrifft, haben sich folgende Drillzeiten als optimal erwiesen: für Winterraps die zweite Augusthälfte, für Wintergerste die Zeit vom 10. bis 25. September, für Winterroggen das dritte Septemberdrittel und für Winterweizen die zweite Oktoberhälfte. Während man in den klimatisch begünstigten Regionen etwas später zur Bestellung schreiten kann, pflegt man in raueren Gegenden, in denen man mit einem früheren Einbruch des Winters rechnen muss, schon etwas eher zu drillen.

Von ausschlaggebender Bedeutung ist, dass die Jungpflanzen gut gekräftigt und abgehärtet in den Winter gehen. Dessen ungeachtet brauchen die Samen ausreichend Bodenfeuchtigkeit, um zu quellen und damit der junge Keimling die Schale des Samens durchstoßen kann. Ist der Keimfeuchtebedarf nicht gedeckt, kann es passieren, dass das Saatgut unnötig lange in der Krume liegt und von Krähen oder Feldmäusen gefressen wird. Aber auch in zu feuchte Böden sollte man nicht drillen, um ein Verfaulen der Keimlinge zu verhindern und einer Verdichtung des Bodens durch schwere Landmaschinen vorzubeugen.

Als Dunkelkeimer benötigt **Winterweizen** eine Aussaattiefe von etwa vier Zentimetern. Er keimt sogar noch bei Bodentemperaturen zwischen zwei und vier Grad. Er gilt daher als spätsaatverträglich. Seine Aussaat ist bis Dezember möglich, wenngleich eine Überschreitung der optimalen Saatzeitspanne zu deutlich weniger guten Ernteerträgen führt und höhere Saatdichten verlangt. Mit der Empfehlung, den Winterweizen um den Simonstag auszusäen, trägt die angeführte Bauernregel auch dieser Erkenntnis Rechnung. An Klima, Wasserversorgung und

Regel-Variation

»Sät der Bauer um Simon seinen Weizen, darf er auch mit dem Saatgut ein wenig geizen.«

Boden stellt der Weizen höhere Ansprüche als andere Getreidearten, weshalb der richtige Zeitpunkt der Aussaat enorm wichtig ist.
Nach der Hauptbestockung im Frühjahr beginnt im Vollfrühling das Streckungswachstum. Zugleich entwickelt sich der Blattapparat. Gegen Ende der Streckungsphase existiert eine bereits vollständige Ähre. Mit dem Ährenschieben und der Blüte gilt die Pflanzenentwicklung als abgeschlossen. Nach der Befruchtung können sich die Körner in den goldfarbenen Ähren entwickeln. Jede der Weizenpflanzen bildet unter normalen Bedingungen zwei bis drei Ähren tragende Halme aus, wobei sich in jeder Ähre 25 bis 40 Körner befinden. Obwohl die Forschung im Laufe der Jahre immer neue und bessere Sorten auf den Markt brachte und bringt, macht es auch heute noch Sinn, der Terminempfehlung dieser Bauernregel zu folgen.
Winterweizen erreicht Wuchshöhen, die sich zwischen einem halben und einem Meter bewegen. Der Fachmann unterscheidet zwischen Qualitäts-, Back-, Brau- und Futterweizen. Die Aussaatdichte beträgt 200 bis 350 Körner pro Quadratmeter, je nach Standort.

»Baumblüte zum zweiten Mal im Jahr noch nie ein gutes Zeichen war.«

Und wieder landet unsere Bauernregel einen Volltreffer: Stellen sich nämlich im Herbst ähnliche Witterungsbedingungen wie vor der Baumblüte im Frühjahr ein, kann es zu einer zweiten Blüte mitten im Herbst kommen. Dieser »zweite Frühling« der Bäume pflegt sich dann einzustellen, wenn Wärmeangebot, Wasserhaushalt, Sonnenscheindauer und **Einstrahlungsbedingungen** im Herbst denen vor Beginn der ersten Blüte im Frühjahr sehr nahe kommen.

Das ist der Fall, wenn nach einem kühlen und regnerischen Witterungsabschnitt eine Erwärmung in Verbindung mit Sonnenschein einsetzt. Baum oder Busch »denken« dann tatsächlich, dass sie sich im Frühling befinden. Der **»zweite Frühling«** der Bäume lässt sich mitunter an Robinien, Rosskastanien, Forsythien, aber auch an Obstbäumen beobachten. So treten mitunter an einem Apfelbaum in unmittelbarer Nähe pflückreifer Früchte Blüten auf. Diese fallen über kurz oder lang entweder nächtlichem Frost oder Regen und kaltem Wind zum Opfer. Gern gesehen wird das von den Obstbauern nicht, verpulvern doch die betroffenen Obstgehölze einen Teil ihrer Kraft. Zeigen sich dabei nicht nur einige, sondern viele Blüten an den Zweigen, ist das ein besonders schlechtes Omen: ein schlechter Apfelernteertrag ist vorprogrammiert.

Regel-Variation
»Neben reifen Äpfeln Blüten,
davor möge Petrus uns behüten.«

»Wenn der November regnet und frostet, dies der Saat das Leben kostet.«

Ein weiser Spruch, der sich auf das junge, teils erst aufgelaufene Wintergetreide und auf den Winterraps bezieht. Stellen wir uns eine Flasche Wasser vor und lassen diese in einer frostigen Nacht im Garten stehen, so wird das Wasser in dieser gefrieren und sich ausdehnen. Es wird nicht lange dauern und durch den wachsenden Innendruck in der Flasche werden die Glaswandungen zerbersten. Ähnliches passiert, wenn wir die Wasserleitung im Garten vor einsetzendem stärkerem Frost nicht abstellen und entleeren. Deren Metall- oder Kunststoffrohr wird dem Druck des zu Eis gefrierenden Wassers nicht standhalten können.
Auch das Volumen des Wassers im Boden nimmt beim Gefrieren zu. Regen bei milderem Wetter und Frost ohne Schnee im ständigen Wechsel lösen zum Teil erhebliche **Bodenbewegungen** aus. Durch die Hebung und Dehnung der Krume nach vorangegangener Senkung kann es bei den jungen Pflanzen zu Wurzelzerreißungen kommen, die nicht nur Störungen im Wachstums- und Entwicklungsprozess nach sich ziehen, sondern auch zum Absterben der Pflanzen führen können. Je größer der Wassergehalt der Krume, desto stärker die Bodenbewegungen. Nahezu trockener Boden bewegt sich bei einem Temperaturrückgang unter den Gefrierpunkt kaum.
Die Regel stimmt, auch wenn deren Wahrheitsgehalt dem Bauer mitunter große Sorge bereitet. Oft sieht man die Auswirkungen eines **spätherbstlichen Frostwechsels** in der Krume erst nach dem Verschwinden einer sich im Verlauf des Winters ausgebildeten Schneedecke. Verhindern lässt sich der Wechselfrost im Boden auf größeren Flächen kaum. Dazu wäre nur Petrus in der Lage, indem er frühzeitig die Saaten in eine über den Winter beständige Schneedecke hüllt oder die Häufigkeit des Wechsels von Warmluft- und Kaltluftmassen einschränkt. Lediglich im Garten lässt sich durch Mulchen oder sonstige Abdeckungen der Einfluss von Wechselfrösten minimieren. Wechselfrost kann allerdings auch von Nutzen sein, zerkleinert er doch größere Erdschollen.

Regel-Variation
»Bringt der November Morgenrot,
der Aussaat dann viel Schaden droht.«

Morgenrot am Neujahrstag – Regeln, die nicht zutreffen

Im großen Schatz der Bauernregeln gibt es etliche Sprüche, deren Aussagen einer genaueren Prüfung nicht standhalten. In vielen Fällen spielt dabei der Aberglaube eine große Rolle. Doch auch die gregorianische Kalenderreform (siehe Seite 11), falsche Schlussfolgerungen aus Naturbeobachtungen, mangelndes Wissen, Überlieferungsfehler oder Neudichtungen geschäftstüchtiger Kalendermacher sind hierfür verantwortlich.

»Wenn viel Gras die Hunde fressen, wird es bald vom Himmel nässen.«
Der Trieb der Hunde, Gras zu fressen, lässt sich nicht mit dem Wetter oder dessen weiterer Entwicklung erklären. Sie tun das, um ihren Verdauungsapparat in Schwung zu bringen – also eine ganz natürliche Angelegenheit. So hilfreich unser bester Freund manchmal auch ist, bei der Wettervorhersage können wir ihn nicht gebrauchen. Daher sollte man diese Tierregel, mit der eine Prognose verbunden ist, nicht für bare Münze nehmen.

»Wenn seine Phase wechselt der Mond, ein Wetterumschwung uns nicht verschont.«
Da Ebbe und Flut der Meere durch die Anziehungskraft des Mondes entstehen, glauben viele Menschen irrtümlicherweise, dass der Mond dann erst recht in der Lage sein müsste, das Wetter in entscheidendem Maße zu beeinflussen. Würde sich gemäß obiger Regel bei Phasenwechsel des Mondes ein Wetterumschwung vollziehen, so müsste das in allen Regionen passieren. Und das ist unmöglich.

»Neumond mit Wind ist zu Regen oder Schnee gesinnt.«
Warum sollte diese Regel stimmen? Vergessen wir die in ihr enthaltene Aussage. Freuen wir uns lieber auf eine echte Mondfinsternis. Mondphasen und deren Wechsel haben keinen Einfluss auf unser Wetter.

»Morgenrot am Neujahrstag Unwetter bringt und große Plag.«
Der Spruch gehört natürlich auch zum Volksgut, ist aber reiner Aberglaube und daher für Prognosezwecke völlig unbrauchbar.

»Scheint am Neujahr die Sonne auf den Tisch, soll es geben reichlich Fisch.«
Den Fischreichtum in den Gewässern vom Sonnenschein am Neujahrstag abhängig machen zu wollen, ist absurd. Natürlich nimmt auch das Witterungsgeschehen im Jahresverlauf auf das Leben in Bächen, Flüssen und Seen Einfluss. Beispielsweise kann es durch länger anhaltenden und ergiebigen Regen und damit verbundenem Hochwasser in den Fließgewässern zur Zerstörung der Laichplätze der Fische kommen. Diese Regel aber sollte man tunlichst nicht nutzen.

»Wie das Wetter zu Makarius *(02.01.)* war, so wird's im September, trüb oder klar.«
Zwischen dem Wetter um Makarius und dem Sonnenscheinangebot des Monats September lässt sich kein Zusammenhang nachweisen. Der Spruch sollte aus diesem Grunde nicht zur Grundlage einer volkstümlichen Prognose der Septemberwitterung gemacht werden. Möglicherweise hat die von Papst Gregor 1582 durchgeführte Kalenderreform, der zehn Tage zum Opfer fielen, die Regel unbrauchbar gemacht.

»Wie die ersten zwölf Tage im Januar walten, so werden sich die zwölf Monate gestalten.«
Dieser unwahren Regel liegt ein Wetteraberglaube zugrunde, der mehr als drei Jahrtausende überdauert hat. Dahinter verbirgt sich die Vorstellung, dass das Wetter der ersten zwölf Tage des Jahres die Witterung der kommenden zwölf Monate im Embryonalzustand enthalte.

»Ist's um Eulalia *(12.02.)* hell und klar, gibt es ein gut' Bienenjahr.«
Dass die Güte des Bienenjahres ausgerechnet vom Gedenktag der heiligen Eulalia abhängen soll, die als Patronin von Spanien, der Seefahrer und der Schifffahrt sowie als Helferin gegen Trockenheit verehrt wird, ist nicht nachvollziehbar. Die Bienen befinden sich um Eulalia noch im verkitteten Stock. Außerdem lässt sich kein Zusammenhang zwischen sonnenscheinreichem Wetter um Eulalia und einer intensiven Obstbaumblüte oder Wildblumenblüte im weiteren Jahresverlauf herstellen. Diese Lostagsregel kann nicht stimmen.

»Gründonnerstag pflanz' Myrthe ein, dann wird sie dir zur Freud' gedeih'n.«
Diese Ernteregel kann nicht stimmen, fällt doch der Gründonnerstag entsprechend der auf dem Konzil zu Nicäa im Jahre 325 festgelegten Osterregel auf eine Zeitspanne von 35 Tagen.

Wer glaubt, dass Mondphasen Einfluss auf unser Wetter haben – zum Beispiel bei Neumond und Wind viel Schneefall droht –, der irrt.

Als frühester Termin für den Gründonnerstag kommt der 19. März und als spätester Termin der 22. April in Frage. In diesem Zeitraum sind sowohl noch strenger Frost als auch schon Hitzetage möglich. Strenger Frost dürfte der Myrthe alles andere als gut bekommen.

»Gründonnerstagsregen gibt selten Erntesegen.«
Auch wenn man derartige Regeln nie auf einen Tag, sondern immer auf die Zeit um den betreffenden Tag beziehen sollte, das heißt zwei bis drei Tage davor und zwei bis drei Tage danach, erweist sich diese Regel aufgrund der Tatsache, dass der Gründonnerstag auf 35 verschiedene Tage fallen kann, als unsinnig.

»Der Mai kommt gezogen wie der November verflogen.«
Diese Weisheit geht von einem sechsmonatigen Rhythmus des Witterungsverhaltens aus, der aber in Bezug auf den Mai und November nicht existiert. Im Hinblick weder auf die Temperatur und den Sonnenschein noch auf den Niederschlag sind Entsprechungen statistisch nachweisbar. Daher sollte man auf eine Prognose der Maiwitterung – ausgehend vom November – tunlichst verzichten.

»Stellt der Juni mild sich ein, wird mild auch der September sein.«
Diese Regel stimmt nicht. Milde Juniwitterung zieht genauso häufig kühle wie milde September nach sich. Vergessen wir also diese Weissagung ganz schnell.

»Wenn sich warm der Brachmond *(Juni)* zeigt, zu milden Lüften der Christmond *(Dezember)* neigt.«
Auf einen überdurchschnittlich temperierten Juni folgen gleichermaßen häufig sowohl kalte als auch warme Dezembermonate. Daher sollte man von einer Nutzung dieser Regel Abstand nehmen.

»Bei Trockenheit such Bilsenkraut am Fluss, erquickender Regen dann bald fallen muss.«
Dieser unbrauchbaren Regel liegt ein alter, auf Aberglauben beruhender Brauch zugrunde. So versammelten sich mehrere Mädchen eines Dorfes am nächstgelegenen Bach, tauchten dort Bilsenkrautstängel ins Wasser und bespritzten damit die Jüngste unter ihnen, nachdem diese sich entkleidet hatte. Die mit den verzauberten Wassertropfen benetzte Jungfrau sollte den Wettergott gnädig stimmen und zu Regenschauern nötigen.

»Geht der September zu warm ins Land, reicht dir ein kalter Oktober die Hand.«
Man sollte der Regel keinen Glauben schenken. So häufig, wie sie stimmt, so häufig liegt sie auch daneben. Mit dem Würfel als Prognose-Instrument – drei Seiten kalt, drei Seiten warm – würde die Vorhersage genauso gut bzw. schlecht ausfallen.

»Donnert's im September noch, wird der Schnee um Weihnacht hoch.«
Zu Prognosezwecken taugt der ein weißes Weihnachtsfest versprechende Reim überhaupt nicht. Septembergewitter erhöhen nicht die Wahrscheinlichkeit weißer Weihnachtstage. Man würde die aufgrund des Spruches hochgesteckten freudigen Erwartungen vieler Menschen im Hinblick auf schneereiche Festtage enttäuschen.

»Septembergewitter sagen dir an, dass im Märzen noch viel Schnee liegen kann.«
Auf diesen Spruch ist kein Verlass. Zwischen Blitz und Donner im September auf der einen Seite und der Schneelage im März auf der anderen Seite besteht kein Zusammenhang.

»Wenn zu Michael *(29.09.)* der Wind kalt weht, ein harter Winter zu erwarten steht.«
Bei einer volkstümlichen Witterungsprognose empfiehlt es sich, nicht auf diese Regel zu bauen. Trefferquote und Fehlerquote stimmen nahezu überein.

»An Martini *(11.11.)* Sonnenschein, tritt ein kalter Winter ein.«
Auch diese Regel eignet sich nicht für eine verlässliche Wettervorhersage. Es existiert kein Zusammenhang zwischen einem sonnigen Martinstag und einem kalten Winter. Ein Blick in die Statistik wird diese Aussage bestätigen.

»Fallen in der Christnacht Flocken, wird sich der Hopfen gut bestocken.«
Eine sich wunderschön anhörende Regel, die leider in das Reich des Aberglaubens gehört. Diesem zufolge soll der Hopfen in der Heiligen Nacht zwischen elf und zwölf Uhr, selbst wenn der Schnee knietief liegt, Sprossen treiben, die mit Beginn der Geisterstunde wieder verschwinden. Dieser Aberglaube ist eng mit dem Sagenkreis um verschiedene Weihnachtsblüten (Holunder, Eberesche, Apfel) verwoben.

»Wie sich das Wetter vom Christtag *(25.12.)* bis Heiligdreikönig *(06.01.)* verhält, so ist es um das ganze Jahr bestellt.«
Die Aussage dieses Spruches, die auf dem Wetter in der Zeit der Raunächte fußt, gehört ebenfalls ins Reich des Aberglaubens. Er lässt sich statistisch nicht nachweisen.

»Bläst der Wind am Stephanitag *(26.12.)* recht, so wird der Wein im Jahr drauf schlecht.«
Den Wind am zweiten Weihnachtsfeiertag kann man nicht für die Güte des Rebensaftes verantwortlich machen. Da hätten mehr als dreihundert andere Tage den gleichen Anspruch. Auch diesen Reim können wir getrost ad acta legen.

»Scheint am Stephanstag *(26.12.)* die Sonne, gerät der Flachs zur größten Wonne.«
Sonnenschein um den zweiten Weihnachts-

feiertag kann keinen Einfluss auf das Gedeihen des Flachses haben. Dessen Saatgut muss bis zum Frühling warten. Erst dann wird überhaupt der Flachs bestellt.

»Schau, was die Rose von Jericho macht, sie zeigt, ob dem Bauer das Ernteglück lacht.«

Der Reim hat den Charakter eines Orakelspruchs und sorgt in der Zeit zwischen den Jahren höchstens für Unterhaltung. Für eine Ernteprognose ist er nicht brauchbar.

»Wind in der Silvesternacht hat nie viel Korn und Wein gebracht.«

Der Silvesternacht und dem Neujahrstag wohnt eine gewisse Magie inne. Doch für eine verlässliche Wettervorhersage eignen sich die Tage um die Jahreswende nicht. Heftige Luftbewegungen können bestenfalls den Start der Silvesterraketen erschweren, Einfluss auf den Ertrag des Getreides oder auf die Menge und Qualität des Rebensaftes haben sie nicht. Sicher wäre der Winzer an Anhaltspunkten über die Eigenschaften des neuen Weinjahrganges interessiert.

Alle Bauernregeln, egal, ob wahr oder falsch, haben etwas gemeinsam: Sie regen die Menschen dazu an, auf das Wetter und die Natur zu achten. Ein schönes Erbe unserer Ahnen.

Über den Autor

Dr. Jurik Müller beschäftigt sich seit mehr als 30 Jahren mit Bauernregeln, über die er regelmäßig Artikel für Tageszeitungen und sein erstes Buch geschrieben hat. Heute ist Müller beim Deutschen Wetterdienst Leipzig in der agrarmeteorologischen Beratung und weiterhin als Autor tätig.

Nach dem Studium der Meteorologie an der Humboldt-Universität zu Berlin promovierte er zum Dr. agr. an der Martin-Luther-Universität Halle-Wittenberg, wo er zahlreiche wissenschaftliche Beiträge verfasste und bei der Erarbeitung eines Pflanzenbaulehrbuches mitwirkte. Außerdem ist sein Name mit der Erfindung des Wetterfaxes für Angelsportler eng verbunden.

Literatur und Links

Folgende Bücher und Internetseiten möchte ich meinen Lesern empfehlen. Aus ihnen habe ich viele Anregungen erhalten und statistische Angaben herangezogen.

Literatur

BERTH, W./KELLER, W:/SCHARNOW, U.: Wetterkunde. Transpress Verlag für Verkehrswesen, Berlin 1976.

DAMMER, I. u. ADAM, B.: Das große Heiligenlexikon. Seehamer Verlag, Weyarn 1999.

MALBERG, H.: Bauernregeln. Ihre Deutung aus meteorologischer Sicht. Springer-Verlag, Berlin/Heidelberg, 1989.

MICHELS, B.: Der immerwährende, ganzheitliche Natur- und Wetterkalender, BLV München1998.

MICHELS, B.: Altes Wetterwissen wieder entdeckt. Bauernregeln, Wolken & Wind, Pflanzen & Tiere. BLV Buchverlag, München 2011.

MÜLLER, J.: Bauernregeln, Wettersprüche und Lostagsreime. BS Verlag, Rostock 2008.

WEINGÄRTNER, H.: Wenn die Schwalben niedrig fliegen... Vom Nutzen der Wetter- und Bauernregeln. Kösel-Verlag, München 1996.

Internationaler Wolkenatlas. Selbstverlag des Deutschen Wetterdienstes, Offenbach a.M.1990.

Internet

www.atmosphere.mpg.de
www.dwd.de
www.nabu.de
www.wetter.com
www.wissen.de

Bibliografische Information der Deutschen Nationalbibliothek

Die Deutsche Nationalbibliothek verzeichnet diese Publikation in der Deutschen Nationalbibliografie; detaillierte bibliografische Daten sind im Internet über http://dnb.d-nb.de abrufbar.

BLV Buchverlag GmbH & Co. KG
80797 München

Bildnachweis
Alle Fotos von Fotolia/:
Ali Taylor: 20, Andre Bonn: 7, Andreas P: 85, ArVis: 62, Axel Gutjahr: 93, Bäckersjunge: 113, Benshot: 137, Cachaco: 27, Carola Schubbel: 119, Chepko Danil: 149, Christa Eder: 65, Christian Pedant: 34, Cyril Hourseau: 33, Danel: 143, Daniel Etzold: 117, digital-fineart: 4u, 74/75, Dmitry Naumov: 48, Farmer: 16, Feelheaven: 19, focus finder: 4o, 12/13, 37, fotoreisen.com: 97, Franz Pfluegl: 57, Galina Moiseeva: 101, Gerisch: 81, Gints Berzins: 146, Gudellaphoto: 154, Harald Lange: 128, ines1302: 135, Ingo Bartussek: 122, Iofoto: 23, Jan Schuler: 8, jeff gynane: 114, juaniko: 71, Klaus-Peter Adler: 91, Kurt Nägele: 2/3, Kyrylo Grekov: 42, Lasse Kristensen: 41, Lyamin Stanislav: 121, Mäusefänger: 69, Malena und Philipp K: 4m, 38/39, malsehen: 31, Marcel Schauer: 118, 125, Mark Ross: 78, martin1985: 104, Martina Berg: 86, Michael Ushakov: 127, Miredi: 16, Ornitolog82: 105, Otto Durst: 25, parojamagic: 29, Peggy Boegner: 53, Peter Maszlen: 141, Primoz Cigler: 94, Ranniptace: 107, reises: 150, rekemp: 110, romy mitterlechner: 10, Ron Rowan: 5o, 102/103, shock: 87, Siegmar: 124, Sima: 133, Simon Gehrig: 15, Stefan Körber: 5m, 66, 73, 130/131, Thomas Brandt: 79, Tomispin: 51, Tony Campbell: 138, TQ Photography: 21, Turi: 1, Uwe Lüjohann: 63, Vladimirs Koskins: 45, Xaver Klaußner: 129

Außer:
blickwinkel/A. Held: 89, 157
blickwinkel/K. Thomas: 77
blickwinkel/H. Schmidt-Roeger: 5u, 152
blickwinkel/J. Hauke: 109
blickwinkel/M. Henning: 144
blickwinkel/MacPHOTO: 61
blickwinkel/R. Bala: 95
blickwinkel/R. Koenig: 99

Autorenfoto: Anja Zirnstein

Umschlaggestaltung: Kochan & Partner, München
Umschlagfotos:
Vorderseite: Fotolia/Ingo Bartussek
Rückseite: Fotolia/Turi

Lektorat: Dr. Friedrich Kögel, Christina Rothe, Bettina Gratzki
Herstellung: Angelika Tröger
Layoutkonzept Innenteil und DTP: griesbeck design, Dorothee Griesbeck, München

Gedruckt auf chlorfrei gebleichtem Papier

Printed in Germany
ISBN 978-3-8354-0807-4